De Pobreza a Riqueza

Usted no tiene que ser pobre

por
Tom Leding

TLM Publishing
Tulsa, Oklahoma

ISBN: 1-890915-08-4

Todos los textos bíblicos han sido tomados de la Versión Reina Valera 1960 © Sociedad Bíblica en América Latina. Para mayor énfasis, el autor ha puesto palabras de las citas bíblicas en bastardilla.

TLM Publishing
4412 S. Harvard,
Tulsa, OK. 74135

Tabla de Contenido

Dedicatoria

Con todo mi amor dedico este libro a mi hijo Ron Leding.

Jesús dice en el Evangelio según San Juan 8:31:32

Dijo entonces Jesús a los judíos que habían creído en él: Si vosotros permaneciereis en mi palabra, seréis verdaderamente mis discípulos; y conoceréis la verdad, y la verdad os hará libres.

Creo que todo aquel que los versículos en este libro, y cree en la veracidad de la Palabra de Dios, será sanado y prosperará.

Prólogo
Por Pat Robertson

Sea que usted esté luchando para cumplir con sus obligaciones financieras, o que tenga una cartera millonaria en el mercado de acciones, *"De Pobreza a Riqueza"* le ayudará a entender el propósito de Dios para sus finanzas.

Tom Leding, mi estimado amigo, empresario y asesor financiero, ha descubierto sorprendentes verdades en la Escritura acerca de la prosperidad y su naturaleza. Este libro revela una perspectiva centrada en Dios para la administración del dinero, y para crear un aumento en su patrimonio personal.

Usted aprenderá cómo confiar en Dios cuando la sabiduría del mundo desafíe sus decisiones, y desarrollará el gozo de compartir con otros liberando el poder sobrenatural que le traerá bendición. Lo más importante es que *este libro* lo preparará con los principios espirituales que usted necesita para encarar los desafíos económicos que enfrenta cada día.

¡Todo cristiano debería leer este libro varias veces! Después de leerlo usted compartirá las valiosas enseñanzas con su familia y amigos, tal como lo hice yo. Lo recomiendo con gran honor. Es un libro que revolucionará la forma que usted piensa del dinero, y le dará un mejor entendimiento espiritual en una de las áreas más importantes que nos toca decidir en nuestro caminar diario con el Señor.

Prologo
por Oral Roberts

Tom, fue un gozo recibir y leer tu nuevo libro "De Pobreza a Riqueza".

Para empezar, te he admirado durante muchos años, dando gracias a Dios por tu trabajo con el FGBMFI (La Confraternidad Internacional de Hombres de Negocio del Evangelio Completo), y como líder de nuestra comunidad, en Tulsa, siempre te has dedicado a vivir una vida llena del Espíritu Santo siendo un prominente líder empresarial.

En segundo lugar, he admirado la forma en que aplicas los principios bíblicos del éxito demostrándolo en tu familia y con la obra de Dios.

Y en tercer lugar, entiendo por medio de amigos mutuos, que siempre has sido un dador: "un sembrador de fe". Junto a tu imaginación y arduo trabajo, las semillas que has sembrado con la expectativa de recibir de Dios, te han llevado a escribir este libro que conlleva el respaldo de tu vida. Por esta razón eres influyente, creíble en las finanzas y de un testimonio poderoso para alcanzar las almas para Cristo.

Es mi oración que muchos lean tu libro, y continuaré orando por ti.

Introducción
¿Qué Es La Prosperidad?

La verdadera historia "de pobreza a riqueza", es la historia de la humanidad. La raza Adámica fue un linaje herido por la pobreza, llevando sobre sí "trapos de inmundicia" (Isaías 64:6) como justificación, en pobreza de alma y espíritu. Entonces apareció el poderoso Dios-Hombre Jesús quien trajo a Sus hermanos y hermanas, una herencia de riquezas eternas.

Tanto se argumenta en nuestros días acerca de que si Jesús nos redimió o no, de la pobreza cuando fue hecho propiciación por nuestros pecados, y se concluye en dos puntos de vista: uno de pobreza y otro de riqueza.

1. Están aquellos que creen que siendo pobres se mantienen en humildad. Otros creen que Dios, de alguna forma, recibe la gloria a través de su necesidad. En ambos casos esta pobreza física o material resulta en un orgullo invertido: orgullo de ser tan humilde.

No obstante, la Palabra de Dios nos enseña lo que verdaderamente glorifica a Dios, y con toda certeza no es la escasez. En Romanos 4:20, hablando de Abraham, Pablo escribió: **Tampoco dudó, por incredulidad, de la promesa de Dios, sino que se fortaleció en fe, dando gloria a Dios.** Si en verdad queremos glorificar a Dios, debemos *fortalecernos en fe,* creyendo en Sus promesas.

2. Por otro lado, están aquellos cuyas mentes están impregnadas del sistema de mundo, esta clase de pensamiento endiosa los bienes materiales.

En los años recientes, muchas enseñanzas de fe referentes a las finanzas, la salud y la ganancia material, se han impregnado con la misma postura que tiene el mundo hacia las riquezas y las posesiones. En muchos círculos se juzga la fe de la persona por las posesiones materiales que

7

tiene. Este es el extremo opuesto de quienes se "glorían" en la pobreza, estos son los cristianos que miden la espiritualidad por medio de las posesiones materiales.

En los tiempos de Jesús los Fariseos tenían esta misma postura y orgullo espiritual. Una generación después de la muerte y la resurrección del Señor, tambien hubo un tiempo en que las posesiones materiales supuestamente eran el indicador de la "espiritualidad" y la aprobación de Dios. El resultado fue su destrucción.

La perspectiva correcta es el equilibrio entre estas dos actitudes. La provisión de la prosperidad de Dios implica entender estos dos aspectos: 1) Entregarle a Jesucristo el señorío de *todas las áreas de nuestra vida* y 2) entender que los bienes materiales que poseemos, pertenecen a nuestro Padre Celestial.

Somos prósperos, sanos y ricos *porque nuestro Padre es dueño de todo*, y nos da todo conforme a nuestra fe. En este libro usted entenderá que *la prosperidad* implica que su necesidad sea suplida, y que tenga abundancia para ayudar a otros, como también dar para la obra de Dios.

La clave es entender si usted posee lo que tiene, o si los bienes materiales lo poseen a usted.

Si usted tiene muchos bienes materiales, ¿estaría dispuesto a rendirlos, si su Padre Celestial se lo pidiera?

Si estos fuesen destruidos en alguna forma, ¿podría descansar en el hecho que su Padre Celestial se lo restituirá?

Si no puede responder "si" a estas dos preguntas, probablemente tenga usted un "ídolo" en su vida; algo que usted considera más importante que Dios. Ciertamente, esta actitud no es de Cristo como veremos en nuestro estudio.

Hay un antiguo refrán en mi nación que podría ayudarnos a entender la perspectiva que debemos tener con el dinero: "El dinero comprará un buen perro, pero sólo el amor le hará mover el rabo".

Otro refrán observa la prosperidad de otro ángulo: "He sido pobre, y también rico. ¡Ser rico es mejor!"

Junte estos dos refranes y tendrá un mejor entendimiento de la intención de Dios para Sus hijos: prosperidad financiera gobernada por el amor de Dios (esto implica obediencia a Su Palabra) y compasión por el prójimo.

Los principios de este libro no son teóricos, sino literales y prácticos, han dado resultado en mi vida y los he visto obrar en la vida de mis amigos y asociados en mi nación, y por toda la tierra; los he visto operar en las iglesias, y en la vida de muchos miembros en mi iglesia.

¡Estos principios han obrado en la vida de millones de personas, y obrarán en usted que hoy lee este libro! Dios no tiene predilectos, lo que hace por un hijo lo hará por otro. Dios no hace acepción de personas (Hechos 10:34). Nuestra herencia ya ha sido provista y ahora nos corresponde madurar en la fe para saber como recibir, aquí en la tierra.

Debemos cumplir con nuestra parte, y esto implica diligencia en el estudio, meditación y arduo trabajo (2 Timoteo 2:15).

Una de las formas más efectivas que aprendí para estudiar la Palabra de Dios es levantarse temprano por la mañana y leer dos capítulos del Antiguo Testamento, cinco capítulos de los Salmos, uno de Proverbios, y dos del Nuevo Testamento. Cuando termine cada sección, comience otra vez. Esto le conducirá a leer el Antiguo Testamento cada año, Salmos y Proverbios una vez al mes, y el Nuevo Testamento dos veces al año.

Le invito a que lea este libro con la siguiente actitud: "Antes de creer, necesito ver la respuesta en las Sagradas Escrituras."

Todo punto que expreso en este libro está respaldado por la Escritura, y no me refiero a la utilización de "textos fuera de contexto" para probar alguna de mis teorías. Por el contrario, usted encontrará que este libro está impregnado con docenas de versículos que concuerdan con mi explicación *(exégesis)*. Las "teorías" no son importantes. ¡Pero lo que Dios dice sí!

Mi labor aquí es explicar y correlacionar los versículos en la Escritura para que usted pueda aplicar su fe a estos principios financieros. Si no podemos creer en las promesas de Dios referentes a las finanzas, ¿cómo podremos creer en Su promesa de salvación eterna?

Si podemos creer parte de la Biblia. ¡También podemos creer todo lo que la Palabra de Dios nos dice!

Mi mayor deseo en esta vida es compartir las enseñanzas de la Palabra de Dios. Comencemos juntos a estudiar exactamente lo que la Escritura enseña acerca de confiar en Dios para el éxito y las finanzas.

1
¿Deberían los Cristianos Prosperar?

Canten y alégrense los que están a favor de mi justa causa, Y digan siempre: Sea exaltado Jehová, Que ama la *paz* (Heb= prosperidad) de su siervo.

Salmo 35:27

Alguna vez se preguntó algunas de las siguientes preguntas:

• ¿Querrá Dios que verdaderamente alcance el éxito y la prosperidad financiera?

• ¿La Biblia, dice que el dinero es la raíz de todos los males?

• ¿Se interesa Dios verdaderamente en mi éxito y en mi condición económica?

• ¿Se interesa Dios si conduzco un automóvil viejo y vivo en un departamento dilapidado, o si conduzco un Mercedes Benz del año y vivo en una casa nueva?

• ¿Si trabajase haciendo más sacrificio; no alcanzaría así la prosperidad?

• ¿La Biblia, nos enseña a salir de las deudas?

• ¿Diezmar, es para nuestros días?

• ¿Cómo puedo aumentar mis ofrendas, si con el dinero que gano apenas me alcanza para pagar mis deudas?

• ¿Es incorrecto que los cristianos tengan importantes sumas de dinero en inversiones y en sus cuentas bancarias?

• ¿Existen Escrituras específicas a las cuales pueda creer y aferrar mi fe para disfrutar de Sus bendiciones dondequiera que me vuelva?

• Las bendiciones del capítulo 18 en Deuteronomio, ¿eran sólo para los Israelitas, o para los cristianos de hoy?

_____

Todas estas preguntas y otras similares tienen respuesta en este libro. El camino para prosperar y alcanzar el éxito, se logra siguiendo las leyes que Dios nos indica en Su Palabra. Si obedecemos con fidelidad a estas leyes, prosperaremos exactamente como Dios quiere que prosperemos. Podremos decir, sin margen de error, que no existe ninguna falencia en la prosperidad y el éxito que llega como resultado de seguir los principios Bíblicos.

Muchos cristianos, hoy día, creen que el dinero es la raíz de todos los males. Esto es incorrecto. El dinero, por si mismo, no es malo:

• El dinero ayuda a construir iglesias.
• El dinero ayuda a enviar misioneros a todo el mundo.
• El dinero ayuda a la producción de programas cristianos de radio y televisión.

El dinero ayuda a la producción de libros y audio cassetes cristianos. ¡Definitivamente el dinero no es malo!

Lo que la Biblia nos enseña, es que *"el amor al dinero es la raíz de todos los males."*

La Biblia nos dice que hay un camino para prosperar que no es malo, y se alcanza siguiendo las leyes del éxito y la prosperidad establecidas por Dios. Cuando estas se aplican, prosperaremos en todos nuestros caminos, y no sólo en las finanzas.

Cuando Dios creó toda la riqueza de la tierra, ¿la creó para los incrédulos, para los pecadores maldicientes, para los duros de corazón que lo niegan y desobedecen Sus leyes? ¿Será que Dios quiere que ellos prosperen y que Sus hijos vivan en la escasez? Este pensamiento no tiene ningún sentido. Dios es un Padre más amante que cualquier padre terrenal. El quiere lo mejor para Sus hijos, El no desea en ninguna manera que fracasemos financieramente. Así como los niños en la tierra son el reflejo de sus padres, de la misma manera como cristianos debemos reflejar a nuestro Padre.

Dios quiere que el mundo vea que los cristianos son prósperos, exitosos y llenos de amor y gozo. Piense, si nuestro Padre dio Su Hijo unigénito, ¿porqué nos ocultaría todo lo demás? Ya nos ha dado lo mejor que tenía. ¿Cree usted que tiene sentido pensar que Dios se niega a entregarlo todo?

El que no escatimó ni a su propio Hijo, sino que lo entregó por todos nosotros, ¿cómo no nos dará también con él todas las cosas?
Romanos 8:32

Por lo tanto, ¿cómo podemos nosotros aceptar sólo la promesa de salvación y rechazar las promesas de sanidad, del éxito y la prosperidad?

El bien conocido salmo de David dice: **Jehová es mi pastor; nada me faltará** (Salmo 23:1), este salmo concebido en la mente del Señor y inspirado por el Espíritu Santo, expresa el interés de Dios y Su diligencia en cuidar a los que hacen Su voluntad.

Como hijos de Dios, somos especial tesoro de Su amor, Dios se interesa por cada uno de nosotros tal como el Padre se concierna por sus hijos y como lo hace el Buen Pastor con Sus ovejas.

Dios Quiere Lo Mejor Para Nosotros

En el salmo 23 hay dos verdades enfatizadas:

1. Dios, a través de Cristo y por el medio del Espíritu Santo, a causa de Su profundo interés en nosotros, quiere

amar, cuidar, proteger, guiarnos y estar cerca nuestro porque somos el especial tesoro de Su afecto y atención. El Señor nos ha redimido con la sangre que derramó, y ahora le pertenecemos a El. Como Sus hijos amados, podemos reclamar las promesas en Su Palabra.

Nada me faltará significa que no tendré falta de ningún bien que necesite; me contentaré en el día del bien y en el día del mal, porque confío en Su amor y en Su compromiso para conmigo: **"Los que buscan a Jehová no tendrán falta de ningún bien"** Salmo 34:10

Dios suplirá nuestras necesidades, nos dará vida abundante, oirá nuestras oraciones, nos consolará con Su presencia y nos redimirá; pero sólo si le buscamos. Para que Dios nos bendiga como Sus hijos, debemos clamar a El, acercarnos a El, y permanecer libres del pecado.

Normalmente, la voluntad de Dios es que como creyentes vivamos sanos y que nuestras vidas estén rodeadas con Su bendición, El quiere que todo nos vaya bien (que nuestros trabajos, planes, propósitos, y familia prosperen conforme a Su voluntad y dirección para nuestra vida).

La voluntad de Dios es que seamos exitosos y prósperos, la voluntad de Dios es que ganemos lo suficiente para proveer la casa, la comida y la vestimenta tanto para nosotros como nuestras familias y tener lo suficiente para extender la causa de Cristo.

Sabemos que Dios puede suplir nuestras necesidades de acuerdo a Sus riquezas en gloria en Cristo Jesús. Si Filipenses 4:19 fuese el único versículo en la Biblia relativo a como Dios se siente en cuanto a nuestro éxito y prosperidad, sería suficiente. Sin embargo, existen docenas de versículos más, tal como Juan 10:10 donde Jesús dijo: ...**Yo he venido para que tengan vida, y para que la tengan en abundancia.**

Me parece claro y lógico, que estos versículos nos dicen

que la voluntad de Dios es que tengamos éxito, prosperidad y buena salud.

Hágase las siguientes preguntas:

¿Acaso, anulará Dios Su propia Palabra?
¿Quebrantará Dios Su pacto con nosotros?

La respuesta a estas preguntas es "¡Claro que no!" Sabemos que en la vida existe la inseguridad, pero debemos pensar en lo que es bueno y positivo; usted deberá vencer las inseguridades en su vida. Recuerde que si usted obedece a la Palabra de Dios y permanece fiel a Jesús, ella traerá bendición a su vida. Hebreos 4:12,13 dice:

Porque la palabra de Dios es viva y eficaz, y más cortante que toda espada de dos filos; y penetra hasta partir el alma y el espíritu, las coyunturas y los tuétanos, y discierne los pensamientos y las intenciones del corazón.

Nada en la creación está oculto a los ojos de Dios, todo está abierto y desnudo ante los ojos de Aquel a quien tendremos que dar cuenta un día. Muchos grandes hombres de Dios han sido exitosos y han prosperado como resultado de seguir las leyes de Dios para el éxito y la prosperidad.

Podemos ver un buen ejemplo de estas leyes en la vida de Abraham. Abraham vivió una vida muy fructífera y próspera, la Escritura nos dice que **Abram era riquísimo en ganado, en plata y en oro.** (Génesis 13:2)

El Nuevo Testamento claramente enseña que, por causa del precio que pagó Jesús, todo cristiano es heredero a las mismas bendiciones que Abraham recibió de Dios. (Gálatas 3:14)

Y si vosotros sois de Cristo, ciertamente linaje de Abraham sois, y herederos según la promesa.
Gálatas 3:29

La Palabra claramente nos dice que somos herederos a las promesas de Abraham, esto significa que las bendiciones que Dios dio a Abraham están a nuestra disposición. Necesitamos entender que nuestro Padre quiere que recibamos esas bendiciones y la manera de recibirlas es a través de seguir las leyes que El estableció para nuestro éxito y prosperidad.

Si alguien afirma que Dios no quiere que prosperemos en lo material, ¿cómo podrá explicar el siguiente versículo?

Sino acuérdate de Jehová tu Dios, porque él te da el poder para hacer las riquezas, a fin de confirmar su pacto que juró a tus padres, como en este día.
Deuteronomio 8:18

Si alcanzar el éxito y la prosperidad fuera malo, ¿por qué, pues, dice Dios que nos da el poder para hacer las riquezas como confirmación a Su pacto?

Si bien es cierto que muchos han sido destruidos por la riqueza, esto ha ocurrido porque no las consiguieron ni tampoco las mantuvieron de acuerdo a las leyes de Dios. No obstante, esto no significa que la prosperidad fue mala, sino que su actitud con ella fue mala.

No hay nada malo en alcanzar la prosperidad y el éxito, si conseguimos y retenemos nuestra prosperidad como resultado de actuar en acuerdo con las leyes de Dios.

2

Hombres y Mujeres Prósperas en la Biblia

...Bienaventurado el hombre que teme a Jehová, y en sus mandamientos se deleita en gran manera. Su descendencia será poderosa en la tierra; la generación de los rectos será bendita. Bienes y riquezas hay en su casa, y su justicia permanece para siempre.
Salmo 112:1-3

Si la prosperidad fuese mala, ciertamente Dios no hubiera inspirado la escritura del salmista para que escribiera que los bienes y las riquezas estarán en nuestras casas, si permanecemos en Su temor (tener a Dios en admiración y respeto), caminando de acuerdo a Sus leyes.

Considerando que los hombres más notables de la Biblia fueron exitosos y prósperos, ¿cómo puede alguien creer que es incorrecto ser próspero y exitoso?

Si tener prosperidad material es incorrecto, entonces significa que Abraham, Isaac, Jacob, José, David, Salomón, y tantos otros, ¡estaban en pecado y fuera de la voluntad de Dios!

Usualmente, oímos ilustraciones acerca de Job dando a entender que Dios "a veces enseña una lección a través de la pobreza"; queriendo simbolizar que las riquezas de Job eran incorrectas y la causa de su aflicción. No obstante, si usted lee con atención el libro de Job, podrá entender que el diablo fue quien destruyó sus bienes. El motivo por el cual Dios permitió que esto ocurriera, fue que Job había "abierto la puerta" al temor.

Concluyentemente, después que la prueba de Job llegó a su fin, Dios entregó a Job el doble de lo que había perdido: 14,000 ovejas, 6,000 camellos, 1,000 juntas de bueyes, 1,000 asnas, muchos sirvientes y una gran casa. (Job 42:12)

Asimismo, dice la Biblia, que Job tuvo hijos e hijas los cuales son contados con la "bendición" que Dios le dio. (Salmo 127:5) Hoy las clínicas de aborto, están robando a América su mayor riqueza: un gran porcentaje de su generación futura.

Al menos dos de los seguidores de Jesús eran hombres ricos, José de Arimatea (Mateo 27:57) y Nicodemo, un miembro del Sanedrín, el consejo directivo Judío (S Juan 3). No hay nada malo en alcanzar la prosperidad financiera al menos que tome preeminencia sobre Dios.

Nuestro Padre quiere que tengamos dinero, ¡pero no quiere que el dinero nos tenga a nosotros! Observemos algunos versículos de la Escritura que nos ayudarán a comprender el carácter y los caminos de Dios.

Dios no es hombre, para que mienta, ni hijo de hombre para que se arrepienta. El dijo, ¿y no hará? Habló ¿y no lo ejecutará?
Números 23:19

Nadie te podrá hacer frente en todos los días de tu vida; como estuve con Moisés, estaré contigo; no te dejaré, ni te desampararé.
Josué 1:5

Sécase la hierba, marchítase la flor; mas la palabra del Dios nuestro permanece para siempre.
Isaías 40:8

Para obtener algo de Dios, debemos pedir con fe. (Heb 11:6) Si queremos elevar nuestro nivel de fe para recibir, es necesario entender que Dios es amor (1 Juan 4:8-16) y que El se complace en dar. (S Juan 3:16; Rom 8:32) Dios nos ha dado preciosas promesas para que seamos semejantes a El, si caminamos en armonía con ellas.

> **Por medio de las cuales nos ha dado preciosas y grandísimas promesas, para que por ellas llegaseis a ser participantes de la naturaleza divina, habiendo huido de la corrupción que hay en el mundo a causa de la concupiscencia.**
>
> **2 Pedro 1:4**

La prosperidad y la abundancia son parte de la naturaleza divina de Dios. El es dueño de todo el mundo y de lo que en el mundo hay. Dios nos ha dado más de 3,000 promesas en Su Palabra para que, por medio de ellas, podamos ser participantes de Su naturaleza divina.

Dios es Próspero, y Nosotros Somos Su Imagen

En el primer capítulo de la Biblia leemos: **Entonces dijo Dios: Hagamos al hombre a nuestra imagen, conforme a nuestra semejanza...** (Génesis 1:26) Si el Dios Creador (Padre, Hijo y Espíritu Santo) es próspero y nos creo a Su semejanza, ¿No es obvio que El quiere que prosperemos?

Cuanto más estudiamos la Palabra de Dios, mayores evidencias encontraremos de Su plan para nuestra abundancia y prosperidad. Dios creo gran abundancia cuando creo la tierra.

> **Dijo Dios: "Produzcan las aguas seres vivientes, y aves que vuelen sobre la tierra, en la abierta expansión de los cielos". Y creó Dios los grandes monstruos marinos, y todo ser viviente que se mueve, que las**

19

aguas produjeron según su género, y toda ave alada según su especie. Y vio Dios que era bueno. Y Dios los bendijo, diciendo: "Fructificad y multiplicaos", y llenad las aguas en los mares, y "multiplíquense las aves en la tierra".

Génesis 1:20-22

Si observamos el interior de una sandía, una manzana, una naranja, un pomelo, como también muchas otras frutas y vegetales, veremos las señales de la abundancia que nuestro Padre ha planeado. El Padre Celestial nos ha provisto con las semillas que contienen el poder para reproducir los alimentos que utilizamos a diario.

Después dijo Dios: Produzca la tierra hierba verde, hierba que dé semilla; árbol de fruto que dé fruto según su género, que su semilla esté en él, sobre la tierra. Y fue así.

Génesis 1:11

El primer capítulo de Génesis también nos relata como Dios llenó la tierra con peces, animales y aves, proveyendo también plantas y árboles frutales. Después que Dios acabó esta obra, creó al hombre para que disfrute esta abundancia y para que señoree (tenga dominio) sobre la tierra y todo sobre ella.

Entonces dijo Dios: "Hagamos al hombre a nuestra imagen, conforme a nuestra semejanza; y señoree en los peces del mar, en las aves de los cielos, en las bestias, en toda la tierra, y en todo animal que se arrastra sobre la tierra".

Génesis 1:26

Este hombre, Adán, fue nuestro antecesor a quien Dios proveyó con gran abundancia. Adán tenía todo lo que deseaba, sin embargo, Adán perdió sus riquezas y su dominio (mayordomía y administración) entregándoselos a Satanás. Toda la abundancia y la prosperidad que Dios planeó para Sus hijos, las perdió Adán. Esta fue la razón por la cual Dios envió a Su Hijo Jesucristo a la tierra.

Reiteradamente, he preguntado a los estudiantes de las escuelas bíblicas cuál es la razón exacta por la cual Jesucristo fue enviado a la tierra. Sólo un porcentaje pequeño sabía la respuesta correcta. ¿La sabe usted?

Jesús fue enviado a la tierra con un propósito: destruir las obras del diablo, el archienemigo del Dios Creador y Sus hijos. La salvación del hombre se resume en destrucción de las obras del diablo: **...Para esto apareció el Hijo de Dios, para deshacer las obras del diablo.** (1 Juan 3:8)

Jesús tuvo éxito en Su misión, y por esta razón antes de ascender al cielo dijo: **Toda potestad me es dada en el cielo y en la tierra.** (Mateo 28:18)

Antes de ascender a diestra del Padre, delegó la autoridad de Su Nombre a Su Cuerpo, que es, Sus "manos y pies" sobre la tierra. (Mateo 18:18; Lucas 10:19-20; Efesios 4:15-16; 1 Cor. 12:12-27)

Todo el poder y la autoridad que Satanás había usurpado a Adán, lo recuperó Jesús, y así restauró nuestra abundancia. Jesús pagó el precio para que Sus hermanos y hermanas puedan prosperar.

> **Porque ya conocéis la gracia de nuestro Señor Jesucristo, que por amor a vosotros se hizo pobre, siendo rico, para que vosotros con su pobreza fueseis enriquecidos.**
>
> **2 Corintios 8:9**

Algunos cristianos creen que este pasaje de la Escritura no se refiere a las riquezas financieras, porque razonan que Dios sólo se refiere a las riquezas espirituales. No concuerdo con este razonamiento, porque no se ajusta al contexto del versículo.

Pablo Escribió Mucho Acerca de las Finanzas

Cualquiera que lee 2 Corintios 8 y 9 inmediatamente puede entender que estos dos capítulos tratan con las finanzas. Para asegurarnos del contexto correcto de este versículo leamos los versículos anteriores y posteriores.

> **Que en grande prueba de tribulación, la abundancia de su gozo y su profunda pobreza abundaron en riquezas de su generosidad. Pues doy testimonio de que con agrado han dado conforme a sus fuerzas, y aun más allá de sus fuerzas, pidiéndonos con muchos ruegos que les concediésemos el privilegio de participar en este servicio para los santos. (vers. 2-4)**

El versículo 2 habla de la profunda pobreza, tribulación y gran prueba que experimentaba la iglesia en Macedonia. Los versículos 3 y 4 nos dicen que dieron más dinero del que podían dar.

> **Ahora, pues, llevad también a cabo el hacerlo, para que como estuvisteis prontos a querer, así también lo estéis en cumplir conforme a lo que tengáis... Porque si primero hay la voluntad dispuesta, será acepta según lo que uno tiene, no según lo que no tiene. (vers. 11-12)**

El versículo 11 habla de terminar un proyecto a través de dar lo que uno puede, sacando de lo que uno tenga. El versículo 12 nuevamente se refiere a la importancia de dar. El capítulo 9 explica en detalle acerca de la ofrenda para los pobres y de la abundancia que Dios nos multiplicará en retorno.

Sin lugar a duda que los capítulos 8 y 9 de Segunda de

Corintios, principalmente tratan con el tema de las finanzas y el versículo 8 se encuentra en el medio del discurso de Pablo sobre las finanzas, diciéndonos que Jesús se hizo pobre para que nosotros fuésemos enriquecidos.

Algunos cristianos utilizan Segunda de Corintios 8:9 como "prueba" que Jesucristo fue pobre durante su ministerio terrenal. Dicen que Su estilo de vida fue un ejemplo para nosotros y; por lo tanto, no debemos prosperar, y en especial los que están en el ministerio. Examinando los evangelios, muchos lectores se sorprenderán al entender que Jesús no era pobre cuando caminó sobre la tierra hace 2000 años.

3

¿Era Jesús Pobre?

De Jehová es la tierra y su plenitud; El mundo, y los que en él habitan. (Salmo 24:1)... que por amor a vosotros se hizo pobre, siendo rico, para que vosotros con su pobreza fueseis enriquecidos.

2 Corintios 8:9

¿Será que estos versículos del Antiguo y el Nuevo Testamento dicen que Jesús era económicamente pobre durante su ministerio terrenal? No, David escribió que Dios es dueño de todo, y Pablo escribió que Jesús se hizo pobre.

¿Cuándo "se hizo" pobre Jesús? Yo creo que Jesús se hizo pobre al convertirse en el supremo sacrificio sobre la cruz del Calvario donde todo lo entregó, hasta Su vestimenta.

A pesar que muchas pinturas expresan lo contrario, Jesús estuvo sobre la cruz completamente desnudo. Nunca pudo haber sido más pobre de lo que fue estando sobre esa cruz. Cuando murió, no poseía ningún bien sobre la tierra; al estar colgado sobre la cruz, los soldados Romanos echaron suertes sobre Sus vestidos.

Si, es verdad, Jesús se hizo pobre, pero estudiemos los cuatro evangelios que nos hablan acerca de Su vida para ver si realmente vivió en la pobreza. La familia de Jesús probablemente no fue rica mientras El crecía como el hijo del carpintero; sin embargo, ¿recuerda que los magos del oriente le ofrecieron presentes cuando fueron a verle a Belén? (Mateo 2:11)

¡Presentes de oro, incienso y mirra eran muy costosos,

y de gran valor monetario! El pensamiento religioso y tradicional practicado por predicadores y maestros esencialmente ignora los valores monetarios y sólo explica el simbolismo de estos presentes.

Sin embargo, estos presentes no eran solamente "simbólicos", sino literales, mercancías valiosas. ¿Qué pasó con ellas? La Escritura no menciona nada más. No obstante, conociendo a Dios como el Padre Amante, se puede deducir que El hizo llegar estos bienes a José para sustentar a María y a Jesús.

Los carpinteros de aquellos días no sólo clavaban tablas, sino que eran artesanos, contratistas, fabricantes de muebles. Tenían que ser fuertes y saludables para talar árboles y cortarlos en madera para trabajar, y todo esto con herramientas primitivas. (En los tiempos de Jesús había mucha arboleda rodeando la región).

El almanaque Bíblico dice que los carpinteros eran "hábiles para tallar la madera."[1] Construían casas con muebles esculpidos y puertas talladas, y realizaban toda clase de arte con madera. Si José estando en Egipto convirtió los presentes de los magos en finanzas, ¿cree usted que regresó como un menesteroso? Yo creo que cuando José regresó a su hogar, tuvo lo suficiente para establecer un magnífico taller. Dudo seriamente que su familia haya pasado hambre o necesidad de vestimenta.

No obstante, nada se menciona de esos años, y sólo podemos hacer algunas deducciones considerando el hecho que el niño Jesús recibió valiosos presentes que no se citan durante Sus años de ministerio. Podemos asumir lógicamente que los presentes le fueron dados para ayudarles a empezar en Egipto.

Podemos tener una idea de la prosperidad del ministerio terrenal de Jesús, estudiando los tres años aproximados de Su ministerio entre el tiempo que se bautizó y recibió la llenura del Espíritu Santo en el Río Jordán, y Su crucifixión.

¿Era Jesús un Evangelista "Pobre"?

¿Era Jesús pobre, en verdad, durante este gran período de tres años que cambio la tierra para siempre? Examinemos los hechos. Algunos creen que Jesús era pobre porque dijo:

...Las zorras tienen guaridas, y las aves de los cielos nidos; mas el Hijo del Hombre no tiene dónde recostar la cabeza.

Lucas 9:58

Aparentemente, Jesús no tenía casa propia en los lugares donde pasaba cada noche, porque fue el primer evangelista itinerante. Asimismo, durante años un número de tales llamados "profetas" y zelotes (líderes de las bandas rebeldes contra el gobierno Romano) también andaban por las regiones; sin mencionar a Juan el Bautista que recorría muchos lugares. Mientras estaban de viaje, todos estos dormían en campos o en cuevas .

Jesús constantemente viajaba, pero indudablemente pudo haberse quedado en la casa del rico José de Arimatea (Mateo 27:57) o en otros bonitos hogares donde habría sido bienvenido. De hecho, en breve veremos que Jesús podría haber producido el dinero que necesitaba para quedarse en un hotel, si lo hubiera deseado. También podría haber alquilado o arrendado una casa en Capernaum, a donde regresaba periódicamente. Mateo 4:13 dice que El "se mudó" (vino y habitó en) Capernaum, dejando a Nazareth.

En Marcos 2:1, vemos que regresó a Capernaum de un viaje ministerial y **se oyó que estaba en casa.** ¿A qué casa se refiere? ¿Será la casa de Pedro? Los escritores de los evangelios hacen referencia a "la casa" como al lugar donde el vivía.

Durante Sus viajes por la región, yo creo que El dormía al aire abierto por voluntad y no por necesidad, porque era la manera en que lo hacían los viajantes. De hecho, el "mesón" donde María y José procuraron encontrar lugar es la palabra *khan*, una *"caravanserai,"* no era un mesón como los que conocemos de hoy.

Estos *caravanserai* atendían a los viajantes en caravanas, y Belén era el *"punto de partida"* para las caravanas que se dirigían a Egipto. La mayoría de los que se quedaban allí alquilaban un espacio de un patio abierto.[2] Con el ruido de los animales, las personas, y el humo de las fogatas; sin mencionar los olores del lugar, Dios bendijo a María y a José con un lugar privado y tranquilo.

Generalmente pensamos que Jesús nació en una familia tan pobre que Su nacimiento fue en un establo de "baja condición". En realidad, *este establo fue* un lugar de "prosperidad" porque resguardaba a María de los curiosos caminantes, mientras daba a luz. Por otro lado, Jesús durmió en un pesebre, calentito y abrigado, protegido del rocío nocturno, los humos de las fogatas y los fuertes olores del "mesón".

Cuando Jesús comenzó evangelizando, ¿no es cierto que doce de sus discípulos, y a veces, otros 70 hombres viajaban con El, sin contar los demás que le seguían en diferentes ocasiones?
¿Será que las necesidades de esas personas y sus familias quedaron sin suplir?

¿Cómo puede alguien decir que Jesús era pobre, pudiendo El suplir las necesidades de un grupo tan grande de personas?

¿Cuántos pobres lideran una organización de este tamaño?

¿Cuántos pobres utilizan un tesorero para llevar el registro de sus finanzas? Jesús y Su organización tenían un "tesorero", Judas Iscariote. (Juan 13:29)

Por otra parte, ¿podría un "hombre pobre", alimentar grupos de 4,000 a 5,000 hombres junto a sus familias?

Jesús fue el maestro máximo de las leyes de la prosperidad de Dios *porque conocía y entendía al Padre*. El utilizó esas leyes para suplir Sus necesidades.

"Cuando partí los cinco panes entre cinco mil, ¿cuántas cestas llenas de los pedazos recogisteis?"

Ellos dijeron: Doce.

"Y cuando los siete panes entre cuatro mil, ¿cuántas canastas llenas de los pedazos recogisteis?"

Y ellos dijeron: Siete

"Y les dijo: ¿Cómo no entendéis?"
Marcos 8:19-21

¿Qué hombre pobre podría proveer para otros así? Cuando los recaudadores de impuestos en Capernaum vinieron a Pedro y le pidieron dinero, ¿pudo Jesús pagarles? Claro que si.

Esto fue lo que le dijo a Pedro: "vé al mar, y echa el anzuelo, y el primer pez que saques, tómalo, y al abrirle la boca, hallarás un estatero; tómalo, y dáselo por mí y por ti." (Mateo 17:27)

Jesús Vivía por Las Leyes de Dios

Es obvio que Jesús operaba las leyes de prosperidad a la perfección cuando pagó Su impuesto y el de Pedro. El bien podría haber utilizado las mismas leyes para producir dinero en cualquiera de Sus necesidades, si lo deseaba. Cuando Pedro y los otros discípulos hubieron pescado toda la noche volvieron vacíos, y Jesús les atrajo tantos peces que las redes se rompían. (Lucas 5:1-11)

Una situación similar se relata en Juan 21:1-11. El primer domingo de ramos, Jesús entró a Jerusalén montado sobre una asna que no compró ni alquiló. Sólo envió a dos de Sus discípulos a la aldea de Betfagé para traer una asna y un pollino atados juntos a un costado del camino. Les dijo que trajeran estos animales y que si alguien les preguntaba algo, que digan: "El Señor los necesita; y luego los enviará. Y eso fue exactamente lo que ocurrió. (Mateo 21:1-7)

Cuando Jesús necesitó un salón para servir la Pascua no tuvo que alquilar un hotel, en cambio, envió a dos de Sus discípulos para que contactaran a un hombre que los llevaría a otro hombre. Debían decir al segundo hombre que necesitaban un gran aposento alto, y ellos se harían cargo de lo demás. (Marcos 14:12-16)

¿Cómo puede alguien afirmar que Jesús era pobre cuando pudo obtener transportación y un salón de hotel tan fácilmente?

Cuando Jesús estaba sobre la cruz, los soldados echaban suertes sobre Su costosa túnica, la cual era sin costura, de un solo tejido de arriba abajo. Si Jesús hubiese sido pobre durante Su ministerio terrenal, ¿dónde consiguió una túnica tan valiosa que los soldados echaban suerte por ellas?

Posiblemente usted se pregunte que relación hay entre los milagros de Jesús y Su prosperidad financiera. La respuesta es que Jesús tuvo una fe pura, jamás vista en la tierra. Como resultado, El podía transformar la escasez en abundancia sin necesidad de bienes materiales mundanos, porque sabía que aplicando Su fe a las leyes de prosperidad de Dios, podía obtener lo que necesitaba.

Quizá usted esté pensando, "Claro, pero El era el Hijo de Dios. ¿Qué tengo que ver yo en todo esto? Yo no puedo utilizar las leyes de prosperidad de Dios para hacer los milagros que hacía Jesús".

Jesús claramente nos dijo que El no realizó ningún milagro por Sí mismo, y también nos dijo que haríamos las mismas obras que El hizo.

> **...De cierto, de cierto os digo: No puede el Hijo hacer nada por si mismo (Juan 5:19)...No puedo yo hacer nada por mí mismo (Juan 5:30) ...Sino el Padre que mora en mí El hace las obras. (Juan 14:10)**

> **De cierto, de cierto os digo: El que en mí cree, las obras que yo hago, él las hará también; y aun mayores hará, porque yo voy al Padre. Y todo lo que pidiereis al Padre en mi nombre, lo haré, para que el Padre sea glorificado en el Hijo. Si algo pidiereis en mi nombre, yo lo haré.**
>
> **Juan 14:12-14**

Estando Jesús sobre la tierra se limitó a Sus habilidades humanas. En otras palabras, vivió Su vida como hombre, y no como Dios. El operaba milagros, no porque haya utilizado Sus poderes divinos sobre la tierra, sino porque había rendido Su vida por completo al Espíritu Santo que habitaba en Su interior.

Usted y yo también podemos realizar grandes obras sobre la tierra, sean financieras o de otra índole, porque

Jesús derrotó a Satanás y sus obras sobre la cruz del Calvario y nos delegó Su autoridad. (Juan 14:12-14) Sumado a esto, la Palabra de Dios claramente nos dice que tenemos el mismo Espíritu Santo viviendo en nuestro interior: **...El Espíritu de aquel que levantó de los muertos a Jesús mora en vosotros.** (Romanos 8:11)

Jesucristo caminó en las leyes de prosperidad de Dios, como también en las otras leyes que Dios estableció. El no dependió en lo más mínimo de sus habilidades, sino que dependió totalmente de la Palabra de Dios y del Espíritu Santo que habitaba dentro de El. Puesto que Jesús siguió todas las leyes de prosperidad de Dios, disfrutó de plena prosperidad, no sólo en las finanzas, sino prosperidad total en su espíritu, alma y cuerpo durante todo Su ministerio terrenal.

Podemos Vivir por Estas Leyes

Juan 14:12-14 nos enseña que podemos disfrutar la misma prosperidad integral que disfrutó Jesús, durante nuestra vida terrenal. Sin lugar a duda, nuestro Padre Celestial quiere que Sus hijos prosperen y tengan salud, en lugar de los pecadores malvados que hoy disfrutan gran parte de la prosperidad del mundo.

"Aunque amontone plata como polvo, y prepare ropa como lodo; La habrá preparado él, más el justo se vestirá. Y el inocente repartirá la plata."
Job 27:16-17

Si, nuestro Padre quiere que prosperemos financieramente. No obstante, esta prosperidad no es automática como tampoco lo es la salvación. Toda la provisión que viene de Dios debe ser recibida por fe. Sólo porque hayamos nacido de nuevo, no significa que la sanidad viene automáticamente. Y aunque ha sido provista en la propiciación, aún debemos recibirla por fe.

Además debemos caminar en acuerdo con las leyes de prosperidad que Dios estableció, las cuales explico cuidadosamente en este libro. Si caminamos en integridad como ellas nos enseñan, Dios no quitará ningún bien de nuestra vida. (Salmo 84:11) Cada día El Señor nos colma de beneficios. (Salmos 68:19)

Las promesas de bendición que Dios hizo a Israel por medio del pacto de sangre que selló con Abraham, ahora llegan a nosotros, como linaje de Abraham, a través de nuevo pacto de sangre que hizo Jesús. (Gálatas 3:29)

Deuteronomio 28:1-15 nos declara esta promesa:

Acontecerá que si oyeres atentamente la voz de Jehová tu Dios, para guardar y poner por obra todos sus mandamientos que yo te prescribo hoy, también Jehová tu Dios te exaltará sobre todas las naciones de la tierra. Y vendrán sobre ti todas estas bendiciones, y te alcanzarán, si oyeres la voz de Jehová tu Dios. Bendito serás tú en la ciudad, y bendito tú en el campo. Bendito serás en tu entrar, y bendito en tu salir….Jehová enviará su bendición sobre tus graneros, y sobre todo aquello en que pusieres tu mano….Te hará Jehová sobreabundar en bienes….Te abrirá Jehová su buen tesoro, el cielo, para enviar la lluvia a tu tierra en su tiempo, y para bendecir toda obra de tus manos…. Te pondrá Jehová por cabeza, y no por cola; y estarás encima solamente, y no estarás debajo, si obedecieres los mandamientos de Jehová tu Dios, para que los guardes y cumplas, y si no te apartares de todas las palabras que yo te mando hoy, ni a diestra ni a siniestra, para ir tras dioses ajenos y servirles.

[1]Packer, J.I., Tenne, Merrill C., White, William Jr. *The Bible Almanac*, (Nashville: Thomas Nelson Publishers, 1980), p. 273.

[2] Wight, Fred H. *Manners and Customs of Bible Lands*, (Chicago: Moody Press, 1953, 1983), pp. 272-274; *Jesus and His Times* (Pleasantville, N.Y.: Reader´s Digest Association, Inc. P. 20.

4

No Sea Un Cristiano "Extremista"

...Sea exaltado Jehová, que ama la paz (Heb: Prosperidad) de su siervo.

Salmo 35:27

En la introducción de este libro, hablé acerca de las dos posiciones que el pueblo cristiano ha tomado con el tema del éxito y la prosperidad financiera. Los primeros dos capítulos explican la razón por qué nuestro Padre quiere que prosperemos financieramente, y como aquellos que equiparan la espiritualidad con la pobreza, están bíblicamente equivocados.

Pero antes de continuar con las leyes de Dios y cómo emplearlas, miremos el otro extremo. El cristiano "Extremista" que mide la espiritualidad por medio de la prosperidad.

Esta persona dice: "¡Claro que Dios quiere prosperarme!" Voy a seguir Sus leyes de prosperidad y me conseguiré un automóvil Rolls Royce, una casa de $500,000 dólares, y un millón de dólares."

Este no es el método de Dios, sino el carnal que es conforme a la filosofía del mundo en cuanto a la prosperidad. Siempre colocan en primer lugar sus deseos egoístas. Si bien, no hay nada incorrecto con tener un bonito automóvil y una linda casa, las posesiones jamás, en ninguna manera, deben preceder a Dios.

He pasado cientos de horas estudiando acerca de lo que la Biblia dice respecto a la prosperidad financiera. Si tuviera que resumir todo lo que aprendí en cinco palabras, la receta para el éxito y la prosperidad de Dios sería siempre honra a Dios primero.

Jesús dijo lo mismo, pero de otra forma:

Más buscad primeramente el Reino de Dios y su justicia, y todas estas cosas os serán añadidas.
Mateo 6:33

Siempre que pongamos a Dios primero en cada área de nuestra vida, la ley de Dios dice que El proveerá nuestras necesidades exactamente en la forma que lo pongamos primero a El, cualquiera sea nuestra necesidad.

¿Qué significa poner a Dios en primer lugar? Un ejemplo es nunca empezar el día sin pasar un tiempo de oración y devoción. Otro ejemplo es definir metas para estudiar la Biblia y meditar consistentemente cumpliendo con esas metas, porque son más importantes que el tiempo familiar, mirar televisión y entretenernos con pasatiempos.

Muchos cristianos creen que le dan a Dios el primer lugar, pero si fueran completamente honestos, tendrían que admitir que en realidad, le dan a Dios un poco de tiempo los días domingos por la mañana; quizá concurren a una o dos reuniones a la semana, orando unos minutos cada día. Este estilo de vida, obviamente, no da el primer lugar a Dios.

Muchos de nosotros recibimos a Jesús como nuestro Salvador, pero jamás le permitimos a Jesús ser el Señor sobre todas las áreas de nuestra vida. Para poner a Jesús en primer lugar, debemos negarnos a nuestros deseos y pretensiones y hacer Su voluntad.

…Si alguno quiere venir en pos de mí, niéguese a sí mismo, tome su cruz cada día, y sígame.
Lucas 9:23

Aceptar a Jesús como Señor y Salvador requiere no sólo creer en la verdad del evangelio, sino también dedicarnos a seguirle.

El Dinero no Puede Comprar la Felicidad ni la Vida Eterna

El sistema de prosperidad del mundo pone el éxito y la prosperidad, "el dinero, el éxito, las posesiones y el reconocimiento al ego", antes que Dios o en lugar de Dios.

Esta perspectiva del mundo está en violación con las leyes del éxito y la prosperidad de Dios. Nuestro Padre Celestial quiere que prosperemos financieramente siempre que la prosperidad, y las cosas que ella compra, no tomen el lugar que le correspone a El.

Para hacer una mejor ilustración a este asunto, tomemos como ejemplo un ambicioso joven que se gradúa de la facultad y sale al mundo real. ¿Coincidiría usted conmigo que hay muchos jóvenes ambiciosos que buscan la fama, la fortuna y una larga vida?

La Biblia nos dice que podemos alcanzar estas metas, por medio de la humildad y la reverencia a Dios. (Proverbios 22:4) Una vez más encontramos que no hay nada malo con tener riquezas, siempre que sean obtenidas en la forma que Dios quiere.

¿Cuál es la forma de Dios para obtener riquezas, honor y una larga vida? Su Palabra dice que obtenemos estas cosas cuando vivimos en humildad y en suma reverencia a El. La "receta" que Dios nos da para el éxito y la prosperidad en todas las área de nuestra vida es esta: "Rindan la totalidad de sus vidas a Mí". Rinda el control de su vida enteramente a Dios. (Hebreos 2:8)

Dios no quiere que pongamos a nuestra familia, el dinero, los pasatiempos o cualquier otra cosa, antes que El: *No tendrás dioses ajenos ante mi.* (Exodo 20:3) Este mandamiento prohibía el politeísmo que caracterizaba todas las religiones de antiguo. Hoy, posiblemente estos "dioses" no sean tan obvios, no obstante, cualquier cosa en nuestras vidas que ocupe un lugar antes que Dios, se convierte en un ídolo.

La adoración de los creyentes debe ser dirigida sólo a Dios. Nunca se debe adorar, orar, rezar o buscar guía y ayuda de ningún otro dios, espíritu o muerto. El sistema del éxito y la prosperidad del mundo coloca al dinero y las cosas que el puede compran antes que Dios.

En verdad, muchas personas se enredan tanto con ganar dinero, que lo único que hacen es pensar en el dinero. El amor al dinero es el centro de sus vidas, viven consumidos y conducidos por el dinero constantemente; El dinero se ha convertido en su "dios".

Contínuamente piensan como ganar dinero, o como invertirlo, o que pueden comprar con el. Este, ha tomado el primer lugar en sus vidas y se ha vuelto una obsesión, cuanto más tienen más quieren.

Este deseo que los consume es exactamente la clase de pasión que debemos tener para con Dios, deberíamos pensar en El todo el tiempo y entregarle el centro de nuestro existir. Cada aspecto de nuestra vida debe rondar alrededor de El. Cuanto más aprendemos acerca de Dios y Sus caminos, es cuando más deberíamos querer aprender porque este es el verdedero camino al éxito y la prosperidad.

Siempre que pongamos y mantengamos al Señor en primer lugar, jamás tendremos necesidad de ningún bien. Los que buscan al Señor no tendrán falta de ningún bien. (Salmo 34:10) El mundo busca con afán la riqueza y el reconocimiento de otras personas, pero estas cosas en verdad solo vienen de Dios. Cuando estamos en comunión con El, cuando le amamos más que cualquier cosa y lo situamos en primer lugar, recibiremos todo el honor y la riqueza que hayamos anhelado o necesitado.

> **Yo amo a los que me aman, y me hallan los que temprano me buscan. Las riquezas y la honra están conmigo; Riquezas duraderas, y justicia.**
> **Proverbios 8:17, 18**

Muchos de nosotros hemos caído en la engaño de no dar el primer lugar a Dios y, en verdad, muchos de nosotros hemos permitido que los problemas en nuestra vida tomen preeminencia sobre Dios.

Gran mayoría de nosotros pensamos "necesito esto y aquello y no se como voy a resolver este problema".

En cambio, deberíamos decir: "Señor, voy a ponerte y mantenerte en primer lugar cada hora de mi vida. Voy a estudiar y meditar Tu Palabra constantemente y hacer lo que ella me dice, confiando enteramente en Ti para la provisión de todas mis necesidades."

¿Vives Centrado en Dios o en Tú Problema?

Muchos cristianos (y a menudo sin darse cuenta) están más centrados en sus problemas que en Dios. Pasamos mucho tiempos enfocándonos en nuestros problemas y muy poco tiempo buscando al Dios Todopoderoso que tiene la habilidad de resolver todo problema de tal forma, que podemos entregarle todas nuestras ansiedades y confiar enteramente en El para la solución.

¿Si realmente Dios ocupa el primer lugar en nuestra vida, porque vivimos en afligidos por los problemas?

Estando preocupados por los problemas, ¿no estamos permitiendo que ese problema tome el primer lugar antes que Dios? En lugar de enfocarnos en el problema, deberíamos constantemente enfocarnos en las grandes promesas de la Palabra de Dios, y la gran habilidad del Espíritu Santo de Dios que mora en nosotros.

Tú guardarás en completa paz a aquel cuyo pensamiento en ti persevera; porque en ti ha confiado.
Isaías 26:3

Dios guardará en completa paz al remanente que permanece firme en la fidelidad a su Señor. En tiempos de dificultad, debemos luchar continuamente para mantener nuestros pensamientos en oración, en confianza y esperanza en el Señor. Debemos poner nuestra confianza en El porque es la Roca que permanece para siempre.

El es un firme y seguro fundamento. ¡Hay una perfecta paz que esta a nuestra disposición, que es total, completa, y absoluta! Ciertamente, esta perfecta paz incluye la prosperidad financiera.

¿Cómo podemos tener paz si estamos preocupados con los problemas financieros? Los requisitos de Dios para la perfecta paz son muy claros.

Primero, debemos tenerlo a El en primer lugar, y mantener nuestros pensamientos todo el tiempo enfocados en El, y no en nuestros problemas.

Segundo, debemos confiar enteramente en El. Necesitamos pagar el precio para saber lo que Su Palabra dice que El hará y luego creer que El hará lo que dice.

Las leyes de prosperidad de Dios funcionan siempre que mantengamos al Señor en primer lugar de manera absoluta, total y completa. Están basadas en que nuestras vidas estén totalmente dedicadas a El. Nuestras bendiciones serán en proporción directa a nuestra dedicación profunda, y compromiso con El.

El dinero "habla", pero no debemos escuchar al dinero, sino a Dios. Un hombre llamado Ray O. Jones nos dio una buena perspectiva cuando dijo: "Escuchen a este dolar hablar"

"Me sostienes en tu mano y dices que tuyo soy. Más, ¿no podría yo decir que eres mío? ¿Mira que fácil que te domino? Para conseguirme, harías todo excepto morir. Soy valioso como la lluvia y esencial como el agua. Sin mi, los hombres y las instituciones fallecerían. Sin embargo, no tengo el poder para darles vida. Soy fútil sin la estampa de tus deseos.

A ningún lugar voy al menos que sea enviado. Ando en extrañas compañía. Por mi causa los hombres se burlan, aman y ridiculizan su carácter. Empero, fui señalado para el servicio de los santos, para dar educación a los que están creciendo y alimento para los pobres cuerpos hambrientos. Mi poder es atrayente.
Utilízame con cuidado y sabiduría, no sea que termines tu en mi lugar de servidumbre".[1]

[1]Tan, Paul Lee. *Encyclopedia of 7700 Illustrations*, (Rockville, MD: Assurance Publishers, 1979), p 823, #3524.

5

Ningún Ser Humano es "Dueño"

Amado yo deseo que tú seas prosperado y que tengas salud, así como prospera tú alma.

3 Juan 2

Las leyes del éxito y la prosperidad que Dios planeó están fundamentadas sobre la base que El es el dueño de todas las cosas, y no nosotros. ¿Piensa usted que la casa, el automóvil y las demás posesiones, de acuerdo a las leyes de los hombres, que tiene son suyos?

Por lo regular los caminos de Dios son muy diferentes a los del hombre, y este es un ejemplo definido. La Palabra de Dios claramente nos dice que nada de lo que tenemos es nuestro. Las leyes del éxito y la prosperidad de Dios comienzan a operar a partir del momento que usted llega al entendimiento que Dios nos permite utilizar las cosas que a El le pertenecen.

Sin nada llegamos al mundo, y nos iremos de la misma manera: **"Porque nada hemos traído a este mundo, y sin duda nada podremos sacar.** (1 Timoteo 6:7) Mientras estemos aquí, Dios nos permite hacer uso de las posesiones que le pertenecen a El.

He aquí, de Jehová tu Dios son los cielos, y los cielos de los cielos, la tierra, y todas las cosas que en ella hay.

Deuteronomio 10:14

Todo el dinero que hay en la tierra, le pertenece a Dios, y no a nosotros; **Mía es la plata, y mío es el oro, dice Jehová de los ejércitos.** (Hageo 2:8) Dios es el dueño del cielo, la tierra y de todo lo que hay entre ellos. Es el poseedor del sol, la luna, las estrellas y todos los planetas del universo. Nuestra vida y nuestro dinero le pertenecen a

Dios, y aún aquellas cosas que pensamos que nos pertenecen, son de Dios. (1 Corintios 6:20, 7:23)

> **De Jehová es la tierra y su plenitud; el mundo, y los que en él habitan.**
>
> **Salmos 24:1**

Algunas personas leen esto, y enseguida piensan "Lo que tengo es mío porque "yo" me lo gané trabajando con "mi" sacrificio, y puedo hacer con ello como quiero"

La Palabra de Dios dice:

> **Y digas en tu corazón: Mi poder y la fuerza de mi mano me han traído esta riqueza. Sino acuérdate de Jehová tu Dios, porque él te da el poder para hacer las riquezas, a fin de confirmar su pacto que juró a tus padres, como en este día.**
>
> **Deuteronomio 8:17-18**

Este versículo afirma que Dios bendijo a Su pueblo como señal que cumple Su pacto con Abraham y Su linaje. Mucha gente que se hace rica siguiendo el sistema de éxito y prosperidad según el mundo, no entiende este concepto. Esta es la razón por la cual la Palabra de Dios dice que a la gente con riquezas se les hace dificil entrar al Reino de Dios.

> **Hijos, ¡cuán difícil les es entrar en el reino de Dios, a los que confían en las riquezas! Más fácil es pasar un camello por el ojo de una aguja, que entrar un rico en el reino de Dios.**
>
> **S Marcos 10:24-25**

La palabra clave del versículo es a los que *confían* en las riquezas. Esta es la filosofía del mundo.

¿Está el Cielo Cerrado para los Ricos?

El requisito de la ley de Dios para prosperar, es *con-*

fiar en Dios en lugar de las riquezas. La filosofía del mundo es confiar en los bienes materiales tratando de acumular todos los bienes que sean posibles. Cuanto más riqueza tengamos acumulada, más difícil se hace entrar al Reino de Dios.

¿Será que Jesús estaba diciendo que las personas con bienes materiales no pueden ir al Cielo? Claro que no. No obstante, esta es la interpretación que algunos le dan al leer este pasaje.

Lo que Jesús estaba señalando es que los ricos tienen la tendencia de confiar en sus riquezas, dificultándoles amar a Dios por sobre el dinero. Dios no le pide a todos los Cristianos que se despojen de sus bienes y su dinero para entrar al Cielo, lo que Dios quiere es que no depositemos nuestra confianza en los bienes que tenemos, sino en El.

Es interesante notar lo que significa la frase "ojo de una aguja". Algunos estudiosos de la Biblia dicen que la palabra "camello" debió haber sido traducida como "hilo", en el sentido de enhebrar una aguja. Otros piensan que Jesús utilizó una analogía humorista para señalar el peligro de confiar en las riquezas.

Otros dicen que muchas de las ciudades antiguas del Medio Oriente estaban rodeadas por muros altos y puertas amplias. Cuando llegaba la noche, estas puertas se cerraban para que los enemigos no pudieran atacar la ciudad. No obstante, para los viajeros que llegaban tarde se proveía una puerta pequeña.

Esa pequeña puerta formaba parte de una gran puerta, y podía abrirse para que entrase a la ciudad un hombre a la vez, pero al mismo tiempo era imposible que por ella pase una bandada de hombres. Aquellos viajeros que llegaban tarde, regularmente llegaban a camello y la única forma de pasar por la puerta era descargar completamente el camello de todos los bienes y apenas pasarlo de rodillas.

Algunos estudiosos dicen que no hay evidencia histórica de esto.[1] No obstante, me parece a mi que Jesús en Marcos 10:24 se refería a esto. Un hombre rico puede entrar al Reino de Dios, pero no es fácil. Así como el camello, debe descargar completamente las posesiones terrenales que lleva (reconocer que Dios es el dueño de todo), y ponerse de rodillas (rendirse a Jesús y ponerlo en primer lugar). Solo después de esto, el hombre rico podrá entrar al Reino de Dios.

El éxito y la prosperidad conforme al sistema del mundo está a 180 grados, o totalmente opuesto al que Dios estableció. En el mundo, todos piensan que si tuvieran dinero ilimitado, todo estaría bien. Sin embargo, después de haber observado de cerca a personas que tienen más dinero del que pueden gastar, se hace obvio que no alcanzan una satisfacción duradera de las riquezas. Sería una insensatez pensar que el éxito y la prosperidad del mundo puede satisfacer, porque cuanto más se tiene, más se quiere.

> **El que ama el dinero, no se saciará de dinero, y el que ama el mucho tener, no sacará fruto, también esto es vanidad.**
>
> **Eclesiastés 5:10**

Tanto el dinero, como la abundancia de bienes materiales no dan significado a la vida, y por lo tanto, no podrán producir la verdadera felicidad. Dios no nos creó para ser saciados interiormente a través de las posesiones que nos ofrece el mundo. La verdadera satisfacción sólo puede ser hallada en El en lo profundo de nuestro ser, y no en las posesiones externas del mundo.

El Dinero No Compra la Felicidad

Benjamín Franklin, que fue un gran pensador, dijo una

vez:

El dinero jamás hizo a un hombre feliz, ni tampoco lo hará. No hay nada en su naturaleza que produzca felicidad. Cuanto más tiene el hombre, más quiere tener. En lugar de saciar el vacío, lo produce, y si satisface en una cosa, duplica y triplica la necesidad en otras formas. [2]

El éxito y la prosperidad del mundo está vacío, la mayoría de las gentes que se hacen ricos sin seguir las leyes del éxito y la prosperidad de Dios, tarde o temprano pensarán: "Tengo todo lo que he deseado" otros "¿porqué no estoy feliz y realizado?, me siento tan vacío en mi interior; ¿será que esto es todo lo que hay en ser rico?"

Vemos que muchas personas han prosperado de acuerdo al sistema del mundo que tienen problemas familiares, de divorcio, hijos malcriados, de adulterio, etc... Otros experimentan una severa ansiedad acercándose a la muerte preocupándose sobre los bienes que pronto deberán ser repartidos entre herederos y herederas, y que posiblemente sean motivo de contienda con aquellos de carácter egoísta y codicioso.

Salomón escribió: **La prosperidad de los necios los echará a perder.** (Proverbios 1:32) ¿Qué es un necio? La Palabra de Dios nos enseña la definición de un necio: **Dice el necio en su corazón: No hay Dios.** (Salmo 53:1ª)

Muchas personas exitosas en las finanzas confiesan a Dios de labios, pero no de corazón. La motivación de sus corazones es ganar dinero y comprar cosas. De hecho, el dinero es su dios; y esta es la razón que los métodos del hombre para el éxito y la prosperidad tarde o temprano destruye a sus seguidores.

Separados de Dios, el éxito y la prosperidad traen problemas: **En la casa del justo hay gran provisión; pero turbación en las ganancias del impío.** (Proverbios 15:6)

El sistema de prosperidad del mundo tiene su precio, y su fin no es como piensan los hombres.

El éxito y la prosperidad alcanzada de acuerdo a los métodos del mundo traerán tristezas, pero la Palabra de Dios claramente nos enseña que las leyes de Dios nos habilitan para prosperar en todas las áreas de nuestra vida sin añadirnos la tristeza: **La bendición de Jehová es la que enriquece, y no añade tristeza con ella.** (Proverbios 10:22)

Casi siempre los bienes materiales de este mundo son obtenidos a través de maldad y codicia y, por lo tanto, no vienen de Dios. Las verdaderas riquezas consisten en la bendición del Señor. Seamos ricos o pobres, el favor y la presencia de Dios son nuestra mayor riqueza.

¿De donde viene la tristeza? Acabamos de ver que no proviene por seguir las leyes del éxito y la prosperidad de Dios.

Porque la raíz de todos los males es el amor al dinero, el cual codiciando algunos, se extraviaron de la fe, y fueron traspasados de muchos dolores.
1 Timoteo 6:10

Cuando codiciamos el dinero y las cosas que puede comprar, erramos de la fe, nos desviamos de Dios, dejamos de darle el primer lugar y de confiar enteramente en El. Ahora bien, el amor al dinero no se limita a los ricos, sino que también hay pobres que aman el dinero. Lo quieren más que cualquier otra cosa en la vida y estarían dispuestos a dar lo que sea para obtener grandes sumas de el. Estas personas a menudo son tentadas por el engaño de hacerse rico de la mañana a la noche.

La palabra de Dios dice: **Se apresura a ser rico el avaro...** (Proverbios 28:22) En la Biblia, encontramos advertencias constantes de guardarnos de la codicia, de la avaricia, y de estar continuamente envidiando más. Dios aborrece la codicia: **…Por la iniquidad de su codicia me enojé…** (Isaías 57:17) Dios quiere que aborrezcamos la avaricia también. Su Palabra dice que **…Mas el que aborrece la avaricia prolongará sus días.** (Proverbios 28:16)

Nuestro Padre no quiere que centremos nuestras vidas alrededor del dinero y de las cosas que puede comprar. Su Palabra nos dice que amontonar riquezas y posesiones puede perjudicarnos.

> **Hay un mal doloroso que he visto debajo del sol: las riquezas guardadas por sus dueños para su mal;**
> **Eclesiastés 5:13**

Tanto el dinero como la abundancia de bienes materiales no dan significado a la vida y por lo tanto no pueden producir felicidad. Generalmente, un trabajador honesto que llega a su casa después de un buen día de trabajo duerme en completa paz, y a la vez hay muchos ricos que no duermen por temor a la calamidad o cometer algún error que les haga perder todo.

Y aunque no pierdan todo, nada podrán llevarse cuando mueran. Es triste que tantas personas trabajan por obtener una abundancia de posesiones en lugar de hacer tesoros en el Cielo.

Aprendiendo a Confiar en Dios

Millones de cristianos nunca tuvieron que confiar en Dios por sus finanzas, especialmente aquellos de la clase media y alta. Muchos han vivido toda una vida basada en la seguridad laboral, la cuenta bancaria, las inversiones, las ganancias de su propiedad, pensiones, programas de participación de las ganancias, seguros etc…

Estas cosas no son malas, pero tienden a paralizar

nuestra fe para escudriñar y utilizar las leyes de Dios que nos llevan al éxito y la prosperidad. Debemos dejar de poner nuestra confianza en los "resguardos" financieros y comenzar a confiar en Dios. Dios quiere suplir todas nuestras necesidades en las épocas difíciles que tantos economistas creen que se avecinan.

Dios siempre hará Su parte, pero nosotros debemos hacer la nuestra. Las leyes de Dios para el éxito y la prosperidad nos enseñarán exactamente como beneficiarnos durante la crisis económica que se avecina. (Isaías 48:17)

No importa cuán difícil esté nuestra economía, si obedecemos al pie de la letra las leyes de Dios para el éxito y la prosperidad, ellas nos proveerán las finanzas que necesitemos. Si en verdad llegara a ocurrir una crisis económica, no solucionaremos nuestros problemas "amontonando" dinero y posesiones.

Si acumulamos riquezas, violamos una de las leyes más importantes de Dios porque cuanto más amontonamos demostramos que nuestra confianza no está en Dios sino en lo que hemos acumulado. Un ejemplo de esto es el acaparamiento que prevalece durante los tiempos de guerra o de crisis, cuando las gentes se predisponen a acumular aquellas cosas que escasean.

En la segunda guerra mundial, se acumulaba la azúcar, el combustible, las medias de seda y otras cosas. Otra referencia fue el año 1973 durante la crisis de la escasez de combustible. El amontonar tiene como raíz el temor, causando que se confíe en lo acumulado en lugar de confiar en Dios.

Con motivo a los tiempos difíciles que la gente anticipa, estamos comenzando a ver un gran amontonar. Algunos están acumulando grandes cantidades oro, plata, y piedras preciosas en anticipación a un posible colapso del sistema monetario mundial.

Me preocupa ver que muchos líderes espirituales estimulan esta conducta, al punto que algunas iglesias venden comida para la "tribulación". Algunos líderes cristianos están sugiriendo que cambiemos todo lo que podamos en piedras y metales preciosos. ¿Será esto espiritual?

¡Esta es la manera de obrar del mundo! El amontonamiento tiene su raíz en el temor y la preocupación con nosotros mismos, opuestamente a las instrucciones de la Palabra de Dios que nos enseña a poner primero a Dios, luego a nuestro prójimo y por último a nosotros mismos. Los caminos de Dios están en contraposición a los caminos del mundo. En lugar de confiar en las riquezas del mundo, nuestro Padre Celestial claramente quiere que confiemos en El y que compartamos lo que tenemos con los demás.

A los ricos de este siglo manda que no sean altivos, ni pongan la esperanza en las riquezas, las cuales son inciertas, sino en el Dios vivo, que nos da todas las cosas en abundancia para que las disfrutemos.. Que hagan bien, que sean ricos en buenas obras, dadivosos, generosos...

1 Timoteo 6:17-18

Hasta aquí hemos hablado principalmente acerca de la razón por qué Dios quiere que prosperemos y por qué difieren los caminos de Dios con los del mundo. Ahora llegó la hora de cambiar nuestro énfasis de *"por qué"* a *"como"* Dios quiere que prosperemos.

Para llegar a la transición del "por qué" a "cómo", hay un paso que debemos tomar. Este paso es la renovación de nuestro entendimiento, cambiar nuestra mentalidad condicionada por el sistema del mundo a las leyes del éxito y la prosperidad de Dios. Veamos lo que la Palabra de Dios nos dice acerca de cómo podemos lograr esto.

[1] *Nelson's Illustrated Bible Dictionary*, (Nashville: Thomas Nelson Publishers, 1986), p. 365

[2] Tan, *Encyclopedia of 7700 Illustrations*, p. 830, #3559

6
La Prosperidad es Conformase a Dios

Yo soy Jehová Dios tuyo, que te enseña provechosamente *(para prosperar)*, que te encamina por el camino que debes seguir.

Isaías 48:17

Si queremos recibir de Dios la instrucción "para prosperar", debemos dejar de conformarnos al sistema económico y financiero del mundo, que está en total contradicción a las leyes del éxito y la prosperidad de Dios. Cuando administramos nuestras finanzas en acuerdo a los principios del Padre, nuestras vidas serán transformadas.

Antes que nuestra vida pueda ser transformada, tendremos que renovar nuestra mente. ¿Cómo podemos transformar nuestra mente? El apóstol Pablo nos dijo "cómo hacerlo" en la epístola a los cristianos en Roma, el centro mundial de la economía, la cultura, la política, y la educación de su tiempo:

No os conforméis a este siglo, sino transformaos por medio de la renovación de vuestro entendimiento, para que comprobéis cuál sea la buena voluntad de Dios, agradable y perfecta.

Romanos 12:2

¿Qué significa la palabra "renovación"?

Significa "hacer nuevo", o "cambiar por completo". Debemos conformar nuestra mente en un mismo pensamiento con el de Dios, a través de la lectura y la meditación de Su Palabra. Debemos conformar nuestros planes y ambiciones de acuerdo a las verdades celestiales y eternas, apartándonos de la filosofía maligna, temporal e inestable de estos tiempos.

Por ejemplo, cuando se realiza una "renovación urbana" en la ciudad, el sector que se está renovando es totalmente alterado, hecho a nuevo. Antes que podamos entender y aplicar las leyes del éxito y la prosperidad de Dios, será necesario que hagamos lo mismo con nuestra mente.

Nuestro cerebro es el computador original, "el hardware", y mucho más avanzado que cualquier aparato que hombre haya podido copiar. Nuestra mente, es el "programa", por así decir, conformado por toda la información que hemos oído, leído y visto. Ahora nuestra mente debe ser "reprogramada" para entender todas las áreas de las leyes de Dios.

La mayoría de nosotros necesitamos alimentar nuestro "computador" con datos nuevos. El único lugar que podemos obtener estos nuevos "datos" que reemplacen las mentiras por la verdad, es en la Palabra de Dios.

¿Está usted dispuesto a reemplazar los "programas" que han gobernado sus hábitos financieros de toda una vida, para alinearse con las leyes de Dios en lugar del sistema financiero del mundo?

Si lo está, Dios dice que esto transformará su vida. De hecho, la palabra griega metamorphoo (significa "una metamorfosis", un cambio completo) empleado en Romanos 12:2 es la misma palabra utilizada en Mateo 17:2 y Marcos 9:2 para describir la transfiguración, el cambio completo, del Señor Jesucristo.

Esto nos da una indicación de cómo nuestra vida puede ser transformada si renovamos apropiadamente nuestra mente. Experimentaremos prosperidad y salud en la misma proporción que prospera nuestra alma.

¿Qué es el alma? El alma es la suma de nuestra perso-
nalidad, y está compuesta por nuestra mente, voluntad y
emociones. Para que prosperemos, nuestra alma debe
prosperar, y para que nuestra alma prospere, debe ser
renovada, y reprogramada con la información de la
Palabra de Dios.

Un alma próspera es aquella que está llena de la
Palabra de Dios.

Dios quiere que continuamente estemos en el proceso
de convertir nuestra alma de los caminos del mundo a Sus
caminos. Aún el niño más sencillo puede recibir la sabiduría de nuestro Padre si conociera y siguiera los principios de Dios.

La ley de Jehová es perfecta, que convierte el alma;
El testimonio de Jehová es fiel, que hace sabio al sen-
cillo.

Salmo 19:7

Las tradiciones y las costumbres, son "la forma que
siempre hemos hecho las cosas" y que a menudo impiden
que activemos las leyes de Dios en nuestra vida para prosperar. Jesús dijo: **Invalidando la Palabra de Dios con**
vuestras tradiciones... (Marcos 7:13) A medida que
avanzamos en la renovación de nuestros pensamientos,
sentimientos, y emociones con la Palabra de Dios, pensa-
remos, hablaremos y actuaremos, más y más, en línea con
la forma que nuestro Padre piensa, habla y actúa.

Un evangelista compartió acerca de una ocasión en
que el Señor le dijo: "Si vamos a caminar juntos en comunión, uno de los dos tendremos que cambiar, ¡Y Yo nunca
cambio!"

Los Cambios Deben Ser De Nuestra Parte

Dios nunca cambia (Heb. 13:8), y Sus leyes jamás cambiarán. Para poder prosperar, debemos cambiar la forma en que siempre hemos manejado nuestras finanzas, a la forma en que nuestro Padre nos dice que lo hagamos. El tiempo del cambio es aquí y ahora, sobre la tierra. En el Cielo, entraremos a un perfecto entorno sin necesidad de cambios.

En el Cielo, todos los hijos de Dios disfrutarán de Su abundancia y prosperidad. Ahora bien, obviamente la prosperidad no es automática; si lo fuera, jamás veríamos a los cristianos con problemas económicos. Si queremos prosperar sobre la tierra, debemos renovar nuestra mente.

Nuestro Padre Celestial, a la igual que cualquier padre terrenal, quiere que Sus hijos prosperen, sean exitosos y tengan buena salud. De hecho, Su Palabra dice que El quiere que prosperemos en todo.

¿Qué debemos hacer para que nuestra alma prospere? Esta pregunta queda claramente respondida en los versículos 2 al 4 de 3ra de Juan. En lugar de detenernos en el versículo 2, como muchos lo hacen, leamos los tres versículos juntos.

> **Amado, yo deseo que tú seas prosperado en todas las cosas, y que tengas salud, así como prospera tu alma. Pues mucho me regocijé cuando vinieron los hermanos y dieron testimonio de tu verdad, de cómo andas en la verdad. No tengo yo mayor gozo que este, el oír que mis hijos andan en la verdad.**
>
> **3 Juan 2-4**

¿Se dio cuenta de las cinco palabras calificadoras al final del segundo versículo *así como prospera tu alma*? Muchos cuando citan este versículo se detienen con la palabra salud. No debemos pasar por alto los últimos cinco versículos porque son la causa de la prosperidad y la salud que nuestro Padre quiere para nosotros.

La palabra clave en estos versículos es la palabra *verdad*. ¿Dónde encontramos la verdad? La verdad es el Verbo de Dios – Jesús (Juan 1:1) – y la revelación escrita de la Palabra de Dios... **Tú palabra es verdad.** (Juan 17:17) La única fuente de verdad es la Biblia.

El versículo 3 nos dice que el Padre quiere que Su verdad este dentro nuestro (en el corazón) y que caminemos en la verdad. Vamos a prosperar bajo las leyes de la prosperidad de Dios en la misma medida que llenemos nuestros corazones con estas leyes, y obedeciéndolas en nuestro diario andar. Por fácil que parezca, no lo es. La mayoría de nosotros debemos cambiar considerablemente la manera que administrábamos nuestras finanzas en el pasado.

Lo primero para cambiar es la "mentalidad de pobreza", estar pensando en lo que uno no tiene, permitiendo que su mente viva en una "rutina" de escasez. Nuestro Padre jamás piensa en ninguna clase de escasez – porque en El no hay ninguna escasez. Tampoco, desea que permitamos ningún pensamiento de esta índole en nuestra mente.

Si nuestra mente está continuamente saturada de pensamientos de duda y de incredulidad, ¿cómo podremos alcanzar o disfrutar la prosperidad? Dios quiere restaurar nuestras almas para hacerlas nuevas, y libres del negativismo que impregna el mundo.

Jehová es mi pastor; nada me faltará. En lugares de delicados pastos me hará descansar; Junto a aguas de reposo me pastoreará. Confortará mi alma...
Salmo 23-1-3

"Nada me faltará" significa que no tendré escasez de

ninguna cosa necesaria para que la voluntad de Dios se cumpla en mi vida. Todo lo necesario para una vida abundante está en Jesús y la Palabra de Dios. Cuando el Señor es nuestro pastor, el está a cargo de cada aspecto de nuestra vida, y nada nos faltará.

El nos guiará junto a las aguas de reposo apartándonos de las furiosas olas de los decadentes sistemas del mundo. Alineará nuestras almas con Sus leyes de éxito y prosperidad. Ya no estaremos frenéticamente preocupados con la erosión de la prosperidad del mundo. Debemos eliminar nuestra pasada manera de vivir y comenzar a caminar en la nueva vida.

En cuanto a la pasada manera de vivir, despojaos del viejo hombre, que está viciado conforme a los deseos engañosos, y renovaos en el espíritu de vuestra mente.

Efesios 4:22-23

Muchos cristianos están tratando de resolver problemas serios con una mentalidad, limitada, carnal y viciada. La información en nuestras "computadoras", que utilizamos en nuestro diario andar, puede ser lo único que tenemos. Por esto, cuando surge un problema serio, las mentes que no han sido renovadas piensan en la escasez.

7

Confíe en Dios,
no en el Hombre

Fíate de Jehová de todo tu corazón, y no te apoyes en tu propia prudencia. Reconócelo en todos tus caminos, y él enderezará tus veredas.

Proverbios 3:5-6

La segunda área que su mente necesita renovación es en el área de la confianza.

En lugar de confiar en la sabiduría del mundo y en su propio entendimiento de la vida y de cómo funcionan los sistemas del mundo, usted debe aprender a confiar enteramente en Dios.

Nuestro Padre no quiere que tratemos de resolver todo con nuestra mentalidad limitada y sin regenerar. Su Palabra nos dice que no debemos apoyarnos en nuestro propio entendimiento sino que debemos reconocer lo que Su Palabra nos dice que hagamos, y luego que actuemos conforme a Su Palabra, confiando enteramente en El.

"Confiar en el Señor con todo nuestro corazón" es lo opuesto a dudar de Dios y Su Palabra. Tal confianza es fundamental para nuestra relación con Dios, asimismo de basarnos en la premisa que El es digno de confianza. Como hijos de Dios, podemos estar seguros que nuestro Padre Celestial nos ama, nos cuidará fielmente, nos guiará en verdad, y guardará Sus promesas.

En todos nuestros planes, decisiones, y actividades, debemos reconocer a Dios como Señor, y Su voluntad debe ser nuestro supremo deseo.

Cada día nuestra cercanía y confianza en Dios debe ser reverenciada buscando siempre Su dirección a través de la oración con toda suplica y acción de gracias.

Cuando hacemos esto, Dios nos promete que enderezará nuestras veredas; nos guiará a Sus metas para nuestras vidas, quitará los obstáculos, y nos facultará para tomar las decisiones correctas. Los cristianos que aún no han renovado su entendimiento con la Palabra de Dios, no poseen el discernimiento espiritual para encontrar la salida a los problemas que aparentemente son complicados o imposibles.

Para poder resolver las dificultades en la vida, debemos ponernos los anteojos espirituales, necesitamos ver los problemas desde la perspectiva de Dios. En realidad, no hay problemas financieros o de otra índole, que sean imposibles para Dios... **Para los hombres esto es imposible; mas para Dios todo es posible.** (Mateo 19:26) **Todo lo puedo en Cristo que me fortalece.** (Filipenses 4:13)

Nuestro Padre no quiere que nos rindamos a los problemas que nos sorprenden, como lo hacen tantas personas. Jesucristo pagó el precio en el Calvario para darnos la victoria sobre todo problema **...En el mundo tendréis aflicción; pero confiad, yo he vencido al mundo.** (Juan 16:33) **Muchas son las aflicciones del justo, Pero de todas ellas le librará Jehová.** (Salmo 34:19)

Dios ha prometido bendiciones y prosperidad para aquellos que obedecen Su ley. Nuestro Padre, nos entregó Su Palabra llena de instrucciones que nos dice exactamente lo que necesitamos hacer para vencer los problemas de este mundo.

Nos dio Su Espíritu Santo para que habite en nosotros y nos dirija en el entendimiento de la verdad contenida en Su Palabra; **Pero cuando venga el Espíritu de verdad, él os guiará a toda la verdad...**(Juan 16:13)

Aquellos cristianos que han pagado el precio de renovar diligentemente su entendimiento, se enfocarán en la solución.

Los incrédulos y aquellos cristianos que no han pagado el precio de renovar su entendimiento se enfocarán en el problema; **Los pensamientos del diligente ciertamente tienden a la abundancia; mas todo el que se apresu-**

ra alocadamente, de cierto va a la pobreza. (Proverbios 21:5)

La Renovación Es Una Ley de Dios

Cada día, renovamos nuestro cuerpo a través de los alimentos durante el desayuno, almuerzo y cena, y a través del descanso cuando dormimos.

Dios quiere que hagamos de la misma forma con nuestra vida espiritual. Nuestro cuerpo físico a diario se va desgastando, sin embargo, la Palabra de Dios nos dice que debemos desplazar este proceso a través de renovar nuestro interior cada día. (2 Cor. 4:16)

Si bien nuestros cuerpos físicos envejecen y se desgastan, podemos experimentar un continuo renovar por medio de recibir, en forma constante, la vida y el poder de Cristo. La influencia de Cristo en nuestras vidas permite que nuestra mente, emociones, y voluntad sean conformadas a Su semejanza y a su propósito eterno.

En el mundo físico, cuando comemos la comida, los alimentos son transformados en fortaleza y energía física. Este mismo principio se aplica en la esfera espiritual; necesitamos alimentar nuestro espíritu cada día con el alimento espiritual de la Palabra de Dios. Si hacemos esto, el alimento espiritual será transformado en energía y fortaleza, lo cual se llama fe.

Deberíamos tener un banquete con la Palabra de Dios y llenarnos de ella. Jesús nos dijo que debemos alimentarnos de toda Palabra que sale de la boca del Padre para que podamos vivir nuestras vidas como El quiere que vivamos.

El respondió y dijo: Escrito está: No sólo de pan vivirá el hombre, sino de toda palabra que sale de la boca de Dios.
Mateo 4:4

Si nos alimentamos espiritualmente con regularidad y perseverancia, a pesar de lo que esté ocurriendo a nuestro alrededor, siempre estaremos llenos de gozo en nuestro interior.

> **Fueron halladas tus palabras, y yo las comí; y tu palabra me fue por gozo y por alegría de mi corazón; porque tu nombre se invocó sobre mi, oh Jehová Dios de los ejércitos.**
>
> **Jeremías 15:16**

El profeta Jeremías amaba la Palabra del Señor, así como nosotros debemos amarla. Debe ser un gozo y un deleite a nuestro corazón meditar en ella. Una señal certera que somos hijos de Dios, es el intenso amor hacia la inspirada Palabra de Dios. El no quiere que nuestras imaginaciones divaguen acerca de los problemas financieros del mundo y lo caótico que se pondrán.

El quiere que nuestra mente se renueve a tal punto que pueda desechar todo pensamiento negativo y enfocarse en las promesas de Su Palabra.

> **Derribando argumentos y toda altivez que se levanta contra el conocimiento de Dios, y llevando cautivo todo pensamiento a la obediencia de Cristo.**
>
> **2 Corintios 10:5**

Utilice estos cuatro pasos para colocar sus pensamientos bajo el Señorío de Cristo:

Este conciente que Dios conoce todo pensamiento y no hay nada oculto para El: **Jehová conoce los pensamientos de los hombres, que son vanidad,** (Salmo 94:11) De la misma forma que daremos cuenta por nuestros hechos y nuestras palabras, daremos por nuestros pensamientos.

Tenga la conciencia que la mente es un campo de batalla. Algunos pensamientos son originados en nuestro interior, mientras otros llegan directamente del enemigo. Para llevar *"todo pensamiento cautivo"* será necesario batallar tanto con nuestra naturaleza carnal como con las fuerzas satánicas.

Porque no tenemos lucha contra sangre y carne, sino contra principados, contra potestades, contra los gobernadores de las tinieblas de este siglo, contra huestes espirituales de maldad en las regiones celestes. Por tanto, tomad toda la armadura de Dios, para que podáis resistir en el día malo, y habiendo acabado todo, estar firmes.

Efesios 6:12-13

Con toda firmeza debemos resistir y rechazar los pensamientos de maldad en el Nombre de Jesucristo. Recuerde que como creyentes vencemos a nuestro adversario por medio de la sangre del Cordero, con la palabra de nuestro testimonio, y por rechazar persistentemente al diablo, el pecado y las tentaciones. (Apocalipsis 12:11)

Determínese a enfocar su mente en Cristo y las cosas celestiales en lugar de las cosas terrenales, porque una mente controlada por el espíritu, es vida y paz.

Procure llenar su mente con la Palabra de Dios y con aquellas cosas que sean nobles, de excelencia, y dignas de alabanza. Siempre tenga cuidado con lo que ve y con lo que oye. No permita que sus ojos sean instrumentos de impureza, sea en libros, revistas, fotos, programas de televisión, o en forma real.

Sea firme en fijar su mente con cosas positivas.

Por lo demás, hermanos, todo lo que es verdadero, todo lo honesto, todo lo justo, todo de puro, todo lo amable, todo lo que es de buen nombre, si hay virtud alguna, si algo digno de alabanza, en esto pensad.

Filipenses 4:8

Si usted fija su mente en las cosas que Pablo le dice a los Filipenses, usted tendrá paz y libertad. El "Dios de paz" estará con usted. (Filipenses 4:9) Nuestro Padre tiene más que suficiente para suplir cada una de nuestras necesidades, porque nuestro Dios no depende del estado del sistema económico del hombre.

Si no renovamos nuestras mentes de manera continua, estarán abiertas a la duda, al temor, y a las ansiedades derivadas de las situaciones que nos rodean. Para que nuestra alma pueda prosperar, también nuestros pensamientos deben estar bajo control, y nuestras mentes no estarán bajo control hasta que hayamos echado fuera las imaginaciones negativas y alineado todo pensamiento con la Palabra de Dios.

Si nuestras mentes han sido correctamente renovadas, podemos decidir lo que vamos a pensar. No permitiremos que ninguna circunstancia externa controle nuestro pensamiento. Muchos cristianos se enfocan tanto en los problemas del mundo que terminan formando parte de ellos por identificarse tan intensamente. Por el contrario, nosotros debemos dirigir nuestra atención a las soluciones de Dios.

En este mundo podemos vivir una vida saludable llena de paz, gozo, y prosperidad. Jesucristo ha pagado el precio para nuestra paz, nuestro gozo y nuestra salud. Sin embargo, la paz, el gozo, la prosperidad y la salud no son automáticas, sino que las experimentaremos en la medida que renovemos nuestro entendimiento diariamente.

Para poder prosperar de la forma que nuestro Padre quiere que prosperemos, primero debe prosperar nuestra alma; y para que nuestra alma prospere, la Palabra de Dios deberá tomar preeminencia en nuestra vida. Todo lo que pensemos, digamos y realicemos debe estar en acuerdo con las instrucciones que El nos ha dado.

Y el Dios de esperanza os llene de todo gozo y paz en el creer, para que abundéis en esperanza por el poder del Espíritu Santo.

Romanos 15:13

8

No Actúe Como el Mundo

No os conforméis a este siglo, sino transformaos por
medio de la renovación de vuestro entendimiento,
para que comprobéis cuál sea la buena voluntad de
Dios, agradable y perfecta.

Romanos 12:2

Ahora que hemos entendido que nuestro Padre quiere
que renovemos nuestra mente, precisamos entender exactamente como El nos dice que lo hagamos: renovamos
nuestra mente a través del constante estudio y meditación
en la Palabra de Dios. Debemos vivir en este mundo, pero
no necesitamos actuar igual que el mundo. Los verdaderos
"extraterrestres" de la tierra son los cristianos.

Si pudiera hablar con cada persona que lee este libro,
personalmente le preguntaría: "¿Quiere tener la aprobación de Dios en todo lo que usted hace?"

Sin duda, usted me respondería: "¡Claro que si!"

Esta es la manera en que ganamos la aprobación del
Padre:

Procura con diligencia presentarte a Dios aprobado,
como obrero que no tiene de qué avergonzarse, que
usa bien la palabra de verdad.

2 Timoteo 2:15

¡La manera de obtener la aprobación de Dios es estudiando Su Palabra!

Cuando estudiamos con diligencia para presentarnos
aprobados ante Dios, estaremos ganando Su aprobación y

no seremos avergonzados. ¿Cree usted que Dios ha aprobado su estudio de la Biblia durante esta semana? ¿Durante el pasado mes? ¿Durante el pasado año? ¿Siente usted vergüenza del poco tiempo que ha dedicado al estudio de las instrucciones que el Padre nos dio?

No hay un camino fácil, estudiar la Biblia es una ardua labor. No deberíamos esperar que nuestro Padre nos prospere a menos que estemos dispuestos a pagar el precio de trabajar arduamente estudiando Su Palabra. De hecho, la palabra griega *spoundazo*, traducida como *"estudio"* en 2 Timoteo 2:15, significa "solicitud" o "diligencia". En Hebreos 4:11 esta misma palabra es traducida *"labor"*.

Sin duda nuestro Padre espera que escudriñemos las Escrituras, con ahínco, porque todo lo que necesitamos conocer en esta vida lo encontraremos en Su Palabra. Si tenemos problemas en algún área de nuestra vida, tendremos que buscar diligentemente todos los versículos en la Escritura que traten con esa área en particular y "usar bien" la Palabra de verdad.

Estudiar la Biblia no es "volar a un limbo" sobrenatural, aunque a veces esto puede pasar, el estudio de la Biblia usualmente es una ardua y tediosa labor. En especial manera para aquellos que no están acostumbrados a estudiar.

Es difícil comenzar y lleva tiempo aprender a disfrutar el estudio de la Biblia. Desafortunadamente, muchos cristianos desertan antes de llegar a esa fase. La Biblia nos hará pensar como jamás lo hemos hecho antes, pero sólo si estamos dispuestos a cavar y cavar y cavar sin esperar que ella revele sus secretos inmediatamente.

¿Cuál es la diferencia entre estudiar la Biblia y sólo leerla? Para estudiar la Biblia, debe estar determinado en familiarizarse con su contenido, y entender cual es el verdadero sentido que cada pasaje señala.

Yo creo que es muy importante en esta era de la historia que aprendamos todo lo posible acerca de cómo podemos evitar o resolver los problemas financieros que pronto vendrán sobre el mundo.

Millones de cristianos viven por debajo de sus derechos y privilegios como hijos de Dios, porque no están dispuestos a pagar el precio de estudiar la Palabra de Dios. Los métodos de estudio varían considerablemente, no obstante, he aprendido que los principios para un estudio efectivo, son similares más allá del método utilizado.

Hoy día tenemos a nuestra disposición un gran surtido de herramientas de estudio como las concordancias bíblicas, la Biblia temática, los diccionarios explicativos, los diccionarios de hebreo y griego, como también otros medios acreditados. Estos nos ayudan a encontrar en la Escritura todos los versículos relacionados con un tema, para así entender exactamente el sentido de un determinado versículo.

En este libro, he desplegado muchísimos versículos sobre el tema del éxito y la prosperidad financiera. También he explicado lo que cada uno de ellos significa para facilitar su búsqueda en este tema.

Un Principio de Tres Pasos: Estudie, Medite y Actúe

Seguido, precisamos entender por qué necesitamos meditar en los versículos de la Escritura, y vamos a comenzar leyendo dos versículos que relacionan las palabras meditar y prosperar.

Nunca se apartará de tu boca este libro de la ley, sino que de día y de noche *meditarás* en él, para que guardes y hagas conforme a todo lo que en él está escrito;

porque entonces harás *prosperar* tu camino, y *todo te saldrá bien (éxito)*.

Josué 1:8

Josué debía ser fiel a la Palabra de Dios confesándola, meditándola y obedeciéndola, en su totalidad. Meditar significa "leer en silencio o hablar a sí mismo en el pensamiento". Implica reflexionar en la Palabra y los caminos de Dios, con el sentido de aplicar Su enseñanza en cada área de nuestra vida.

Aquellos que conocen y obedecen las leyes de la Palabra de Dios, serán exitosos y prósperos porque poseen la sabiduría para vivir una vida en justicia, y así alcanzar las metas de Dios para sus vidas. Permita que la Palabra de Dios sea la máxima autoridad que condicione todas sus creencias y sus acciones.

Josué 1:8 es uno de los más importantes versículos de la Biblia para todos aquellos interesados en el éxito y la prosperidad. De hecho, es el único versículo que incluye las palabras *éxito* (todo te saldrá bien) y prosperidad.

He ministrado a muchos creyentes en el área del éxito y la prosperidad, y este versículo se ha convertido en uno de los más significativos para enseñar las tres cosas que nuestro Padre nos ha dicho que hagamos si queremos tener éxito y prosperidad.

Esfuérzate en la Palabra y en la Fe. Debemos confesar constantemente la Palabra de Dios y Su Palabra debe salir de nuestra boca incesantemente. Para que la Palabra de Dios salga automáticamente de nuestros labios, debemos estudiar con diligencia y meditar de día y de noche en todo lo que ella dice.

Se valiente en proseguir la voluntad de Dios. Aquellos que buscan vivir bajo la bendición de Dios meditan en la ley de Dios (Su Palabra) para moldear sus pensamientos y sus acciones. Leerán las Palabras en la Escritura, profundizarán, compararán con otros versículos, y luego accionarán en lo que han aprendido.

Se diligente en obedecer Sus instrucciones. Constantemente, debemos vivir nuestra vida tal como Su Palabra nos enseña. Deberíamos conocer Su Palabra de tal manera que conduzcamos nuestra vida de acuerdo a lo que está escrito en la Biblia.

La segunda cita que encontramos un versículo que relaciona las palabras meditar y prosperar es en el primer Salmo.

> **Bienaventurado el varón que no anduvo en consejo de malos, ni estuvo en camino de pecadores, ni en silla de escarnecedores se ha sentado; sino que en la ley de Jehová está su delicia, y en su ley *medita* de día y de noche. Será como árbol plantado junto a corrientes de aguas, que da su fruto en su tiempo, y su hoja no cae; y todo lo que hace, *prosperará*.**
> **Salmo 1:1-3**

El verdadero creyente se distingue por las cosas que no hace, los lugares que no frecuenta, y en la compañía que no anda. Nadie puede experimentar las bendiciones de Dios sin apartarse de aquellas cosas que son dañinas o destructivas. Aquellos que han sido bendecidos por Dios, no sólo se apartan del mal, sino que edifican sus vidas en torno a las palabras del Señor, y buscan a Dios con un corazón sincero que se complace en obedecer Sus caminos y Sus mandamientos.

David nos dice que si en lugar de seguir los métodos del mundo, obedecemos las leyes de Dios para el éxito y la prosperidad, El nos bendecirá. Dios no quiere que vivamos en la forma que vive el pecador, El no quiere que tengamos una perspectiva materialista como el mundo. Debemos amar la Palabra de Dios de manera que sea para nosotros más que un deleite meditar en ella.

Tendremos tanta hambre y sed de lo espiritual que meditaremos en Su Palabra de día y de noche, para aprender todo posible de las leyes del Padre para nuestras vidas.

¿Qué nos ocurrirá si hacemos esto? El salmista escribió que seremos como árboles plantados junto a las corrientes de las aguas. (Salmo 1:3) No importará cuan difícil sea la sequía, las hojas de este árbol jamás se marchitarán ni caerán, porque su raíz se nutre de las corrientes de aguas. No importa la duración de la sequía, los árboles que están junto al río siempre darán fruto.

Muchos economistas creen que se avecina una "sequía económica" sobre la tierra. La inflación, la recesión, el desempleo y todo lo demás, ya están causando que la economía se marchite.

Como Sobrevivir una Sequía

A pesar de la sequía, como cristianos podemos sobrevivir, llevar fruto y prosperar en todo lo hacemos si anteriormente nos hemos impregnado de la Palabra de Dios día y noche para que nuestras raíces estén profundamente arraigadas a las leyes del Padre para el éxito y la prosperidad.

Desafortunadamente, muchos cristianos se marchitarán durante esta sequía económica, y muchos serán destruidos por falta del conocimiento de las leyes de Dios. Dios mismo dijo: **Mi pueblo fue destruido, porque le faltó conocimiento...** (Oseas 4:6) Ahora que hemos visto como Josué 1:8 y el Salmo 1:1-3 relacionan las palabras prosperidad y meditación, examinemos la palabra meditación detalladamente. ¿Cómo describimos con exactitud la meditación, y cómo debemos meditar la Palabra de Dios?

Como dije anteriormente, no podría señalar un modelo específico que sea el único correcto. Sin embargo, quiero compartir con usted un sistema de meditación que ha funcionado maravillosamente para mi y a muchos otros creyentes que lo han seguido.

El sistema comienza con la lectura y el estudio de la Escritura para encontrar todos los versículos en la Biblia sobre un tema en particular, en este caso vemos el tema del éxito y la prosperidad financiera. Una vez que encuentre todos los versículos relacionados con el tema, comience a transcribir uno por uno sobre tarjetas 3-por-5 que calce fácilmente en el bolsillo de la camisa del caballero o en el bolso de la dama.

Organice las tarjetas por orden de importancia, por ejemplo, las que tienen un mayor significado para usted arriba, las que siguen al medio, y así. Seguido, y esto es muy importante, lea una tarjeta a la vez.

No se auto-imponga una "indigestión espiritual" tratando de digerir demasiada Palabra de Dios de una vez. Lleve con usted sólo un versículo de la Escritura y medite en ese versículo durante el día o la semana. No se apresure, Dios nunca está apurado, El quiere que meditemos calmadamente y en silencio Su Palabra.

Yo creo que meditar significa fijar nuestra atención sobre un versículo en particular y reflexionar con el en nuestro pensamiento, desmenuzándolo y llevándolo a todas las áreas de nuestra vida.

Yo creo que meditar significa "personalizar" un versículo de la Escritura, y pensar profundamente como se aplica a nuestra vida. Cuando meditamos en un versículo de la Escritura, nuestros pensamientos deberían ser algo así:

¿Qué significa este versículo?

¿Qué me está hablando Dios, y cómo puedo aplicarlo a mi vida?

¿Qué tengo que cambiar para hacer lo que Dios me está diciendo que haga?

¿Qué voy a hacer diferente hoy? ¿Esta semana? ¿Este mes? ¿Durante el año entrante?

Esto es muy hermoso, y muy diferente a la "meditación" del misticismo oriental. Los grupos de la nueva era y las falsas religiones, le enseñan a "vaciar su mente". Los cristianos deben meditar llenando su mente con el extraordinario poder de la Palabra de Dios. Cuanto más meditamos en la Palabra de Dios, mayor comunión tendremos con El.

Obviamente, este proceso de meditación diaria no es fácil al principio. Cuando no estamos acostumbrados a una disciplina, lleva un tiempo para formarse parte de nuestro hábito, tenga paciencia para habituarse al sistema de la meditación. Permita que ella forme parte de su diario estilo de vida.

La mayoría de los lectores tienen empleos que requieren ocho horas de trabajo, esto significa que la mayoría de ustedes no pueden estudiar la Palabra de Dios durante el día. Sin embargo, usted puede meditar constantemente en la Palabra; usted puede meditar al vestirse por la mañana, cuando conduce a su trabajo, durante su hora de comida, o mientras regresa a su casa.

Meditar Significa "Repetir Constantemente"

Algunas personas tienen ocupaciones que les permiten meditar mientras trabajan. También, todos tenemos un tiempo al finalizar cada día y los fines de semana que puede ser utilizado para meditar. En esos tiempos deberíamos declarar los versículos en voz alta, y si es posible, repetirlos.

De hecho, la palabra Hebrea traducida como "meditar" en Josué 1:8 y Salmo 1:2 en verdad significa "susurrar o musitar". Cuando la Palabra de Dios nos dice que debemos meditar día y noche, esto significa que debemos constantemente abrir nuestra boca y declarar el versículo de la Escritura que estamos meditando.

Cuando repetimos continuamente un versículo, esto nos ayuda a memorizarlo. Asimismo, cuando repetimos continuamente un versículo, liberamos el poder que ese versículo tiene. Asegúrese de meditar un versículo a la vez.

Reflexione todas las aplicaciones en su mente y piense como puede usted apropiarlo para su necesidad particular. Repítalo en voz alta, hasta que forme parte de su vida, repítalo desde que lo transcribe de la Biblia a la tarjeta, de la tarjeta a su mente y de su mente a su corazón. No apresure el proceso, aunque memorice sólo un versículo por semana, al finalizar cada año, usted habrá añadido profundamente en su corazón 52 enseñanzas poderosas de la Palabra Dios.

Este sistema ha dado un resultado bellísimo en mi vida durante estos últimos 25 años. He ministrado a varias personas que han seguido este método, y los resultados han sido excepcionales en sus vidas también. Me encuentro con muchos cristianos que han aprendido que yo sigo este método, me sonríen, y sacan la tarjeta que están llevando durante ese día.

Para alguien que aún no ha renovado su mente, esto parece una carga. No obstante, la Palabra de Dios nos dice que la continua meditación eventualmente será lo opuesto a una carga. ¿Qué ocurrirá si nos deleitamos en la Palabra meditando en ella de día y noche, como escribió David? Aquí está la respuesta:

> **Bienaventurado el hombre que teme a Jehová, y en sus mandamientos se deleita en gran manera. Su descendencia será poderosa en la tierra; la generación de los rectos será bendita. Bienes y riquezas hay en su casa, y su justicia permanece para siempre.**
>
> **Salmo 112:1-3**

La Palabra de Dios debería ser un deleite absoluto porque El nos dice todo lo que necesitamos saber para vivir una buena vida sobre la tierra.

> **Como todas las cosas que pertenecen a la vida y a la piedad nos han sido dadas por su divino poder, mediante el conocimiento de aquel que nos llamó por su gloria y excelencia.**
>
> **2 Pedro 1:3**

Dios suplió las necesidades de Su pueblo Israel, y suplió las necesidades de la iglesia primitiva. Sus principios continúan siendo efectivos hoy, y no hay nada que pueda ofrecer mayor altura, anchura, fuerza y ayuda que las que nos da Jesús. Una vez que entendemos lo que esto significa, no nos cansaremos jamás de la Palabra de Dios.

Si meditamos continuamente y con gozo la Palabra de Dios, prosperaremos en todas las áreas de nuestra vida: financieramente, espiritualmente, físicamente, mentalmente y emocionalmente.

9

El Trabajo y la Disciplina: Un Canal de Éxito y Prosperidad

...y trabajar con vuestras manos de la manera que os hemos mandado, a fin de que os conduzcáis honradamente para con los de afuera, y no tengáis necesidad de nada.

1 Tesalonicenses 4:11-12

Si queremos vivir prósperamente y que todo nos salga bien (éxito), Dios espera que nos ejercitemos en la disciplina del trabajo.

Por alguna razón, muchos cristianos creen que pueden recibir cualquier cosa que pidan en el Nombre de Jesús sin necesidad de trabajar arduamente, lo cual es incorrecto. Podemos leer claramente en la Palabra de Dios que necesitamos utilizar las habilidades que Dios nos dio en la mejor forma posible. Entonces podemos pararnos con firmeza sobre nuestra fe en El y hacer el resto. (Efesios 6:13)

La victoria del creyente ha sido asegurada por Jesucristo a través de Su muerte sobre la cruz. Jesús consumó la batalla contra Satán triunfantemente, despojando las potestades y los principados del mal, así redimiendo al creyente del poder de Satanás.

Así que ya no eres esclavo, sino hijo; y si hijo, también heredero de Dios por medio de Cristo.

Gálatas 4:7

Sin embargo, las leyes de Dios para el éxito y la prosperidad concluyentemente requieren que trabajemos arduamente si queremos prosperar. No podemos pasar nuestra vida sobre un "lecho de rosas" esperando recibir las bendiciones que nos corresponden como a hijos. Debemos cumplir con nuestra parte: recibir la bendición y hacer con nuestras manos el camino para que ellas nos alcancen.

Dios "trabajó" seis días y descansó en el séptimo marcándonos el ejemplo, aunque el trabajo del huerto fue un gozo y un placer. Después de la caída, el trabajo se hizo difícil "con el sudor de nuestra frente". (Génesis 3:17-19) No obstante, el trabajo es parte de la voluntad de Dios para Sus hijos.

Dios dijo que había "entregado" la tierra prometida a los Israelitas, y aún así tuvieron que trabajar y batallar para tomarla. El Creador quiere que Sus hijos tengan parte en Su propósito. No podemos "merecer" por las obras y el buen comportamiento aquellas cosas que sólo El nos da por Su amor y misericordia: la salvación, los galardones en el cielo, y las bendiciones de salud y bienestar.

Por otro lado mientras crecemos aprendemos a caminar, por esta razón, Dios no nos cargará como a bebés sabiendo que esto impedirá nuestro desarrollo. Hacer nuestra parte es oír y obedecer Su Palabra; obedecer, es trabajar en aquello que El nos señale, esto incluye ganar nuestro sustento, o mantener y aumentar las riquezas financieras o espirituales que tengamos para Su gloria.

La "ética de trabajo", que forma muchas de las creencias y la vida de los padres que instituyeron los Estados Unidos, es bíblica. Una Biblia temática (que tiene referencias ordenadas por temas o categorías) claramente mostrará lo que Dios piensa acerca de aquellos que trabajan y los que no trabajan.

La Sociedad de Hoy se Enfoca en el Recreo

Empero, hoy día, la "ética de trabajo" sobre la cual se fundó esta nación, ha erosionado con el paso del tiempo. El pensamiento reinante de nuestros días es: "el mundo tiene la obligación de darme sustento", un pensamiento muy discordante con la generación pasada. Muchas personas trabajan con el mínimo esfuerzo tanto para no perder sus empleos.

Esta es una de las razones que la economía de América está en dificultades. Hay mucha gente que no gana su jornal trabajando, pero lo está cobrando. Este costo es luego agregado al consumidor final y es una de las causas principales de la inflación. Continuamente estamos oyendo un énfasis propagandista sobre la diversión, el placer y el recreo, cuyo enfoque es: "primero yo, segundo yo, y tercero lo que quiero hacer para complacerme yá".

Muchas personas han quedado con este tipo de mentalidad después de la Segunda Guerra mundial, pero en los años que vienen, habrá un aumento en las exigencias de productividad laboral, como nunca hemos visto.

La Palabra de Dios dice: **"Si alguno no quiere trabajar, tampoco coma"**. (2 Tesalonicenses 3:10) Esta irrefutable verdad ha sido contradicha por los programas gubernamentales, totalmente desequilibrados, como el bienestar social, las agencias de gobierno, y algunos sindicatos de trabajo.

Estos programas, en su comienzo, fueron originalmente ideados bajo los principios básicos cristianos. Sin embargo, algunos políticos buscando su propio bien, fueron consumidos por la codicia y la corrupción haciendo de estas organizaciones y agencias una burla de aquello que en su comienzo tenía otra intención.

El precio de todo esto pronto se pagará. En los Estados Unidos, vivimos en una sociedad que virtualmente ha eliminado el concepto de tener que trabajar para comer. Muchas personas al pie de la escalera económica tienen una televisión a color, un lugar adecuado para vivir, y más que suficientes necesidades básicas para la vida. Esto sería fantástico, si hubiesen obtenido lo que tienen con su trabajo.

Sin embargo, muchas de estas personas no trabajan y tampoco trabajarían si tuvieran la oportunidad. Si queremos alcanzar el éxito, necesitamos eliminar los atajos porque son como "curitas" sobre el "cáncer" de la pobreza. Si queremos tener éxito, debemos trabajar ardua y diligentemente.

La mano del negligente empobrece; mas la mano de los diligentes enriquece. (Proverbios 10:4) ¿Has visto hombre solícito en su trabajo? Delante de los reyes estará; no estará delante de los de baja condición. (Proverbios 22:29)

El Día de Rendir Cuentas Se Acerca

Hoy día, la gente tiene poca o ninguna iniciativa. El perezoso y el haragán es aquel que siempre posterga lo que debe hacer, o no termina lo que ha comenzado, y sigue el plan de acción de menor esfuerzo. La haraganería o la pereza predomina tanto en la esfera espiritual como en la natural.

Dios nos exhorta a que con toda determinación llevemos a cabo nuestro llamado y nuestra profesión. El día de rendir cuenta se acerca. Proverbios 6:9-11 dice que un día el perezoso despertará y la pobreza lo sorprenderá como hombre armado llevándose todo lo que posee, la casa, el automóvil, y todo lo que tenga.

No podemos continuar violando las leyes de Dios. No importa lo "aceptable" que parezca a la sociedad en que vivimos, las leyes son de Dios. Podemos quebrar Sus leyes y eludir el castigo por un tiempo, pero tarde o temprano vamos a pagar el precio de nuestra desobediencia.

Los empleadores no pueden pagar a sus trabajadores más de lo que proporcionan, tarde o temprano la burbuja estallará.

Esta filosofía, como resultado ha producido un desempleo amplio en aquellas industrias que han aumentado los sueldos de sus trabajadores especializados y no especializados, a niveles que no se justifican. Si tratamos de ganar más de lo que nuestro trabajo vale, violamos las leyes del éxito y la prosperidad de Dios.

De hecho, Dios claramente nos instruye a que nos dirijamos en el sentido opuesto. En lugar de robar a nuestro empleador haciendo menos de los que somos capaces de hacer, la Palabra de Dios nos dice que trabajemos con todas nuestras fuerzas: **Todo lo que te viniera a la mano para hacer, hazlo según tus fuerzas...** (Eclesiastés 9:10)

En lugar de hacer menos de lo que se nos demanda, el Señor quiere que hagamos más de lo que se nos requiere. Si tenemos que avanzar una milla, Jesús nos dijo que vayamos dos. (Mateo 5:41) En otras palabras, tenemos que hacer el doble de lo que se nos requiere. Esta es una actitud totalmente opuesta a la actitud que prevalece hoy día.

Muchas personas buscan las condiciones ideales de trabajo, vacaciones largas, más tiempo de ocio, y mayores beneficios. La Palabra de Dios nos dice que cumplamos nuestro trabajo con tiempo frío, lluvioso o en condiciones desfavorables. Si no hacemos esto, tampoco veremos ganancias duraderas.

El perezoso no ara a causa del invierno; pedirá, pues, en la siega, y no hallará.

Proverbios 20:4

Cualquier tipo de trabajo que realicemos, la Palabra de Dios dice que debemos aplicar todas nuestras fuerzas a lo que hacemos, porque en realidad estamos trabajando como para el Señor Jesucristo, y no para nuestro empleador terrenal: **Y todo lo que hagáis, hacedlo de corazón, como para el Señor y no para los hombres.** (Colosenses 3:23)

El Apóstol Pablo exhortaba a los creyentes que consideraran sus empleos como un servicio al Señor, debemos trabajar como si Cristo fuese nuestro empleador sabiendo que todo trabajo hecho para el Señor será recompensado. La Palabra de Dios nos dice que cumplamos con nuestro trabajo "de todo corazón". Esto significa que debemos trabajar de todo corazón, con nuestro espíritu, y con lo más profundo de nuestro ser, donde reside el Espíritu Santo.

Si permitimos que Dios tome rienda de nuestro trabajo, haremos un trabajo estupendo sin importar la línea de trabajo que hagamos. El Espíritu Santo es el mejor vendedor del mundo, el mejor mecánico, obrero, ingeniero, enfermero, médico, dentista, y el mejor en cualquier posición o profesión. No hay límite en lo que El puede hacer a través nuestro. Nuestra parte es hacer lo mejor que podamos con todas nuestras habilidades humanas y confiar que El hará el resto.

Si un cristiano no cumple en su trabajo, pronto comenzará a sentirse vacío. Este sentimiento proviene del Espíritu Santo como un "aviso", para que se ponga a trabajar. Por otro lado, el día que trabajamos efectivamente, nos sobreviene un sentido de satisfacción interior, y sentimos esto porque en lo profundo de nuestro ser sabemos que estamos haciendo la voluntad del Padre.

Dios quiere que pongamos el mejor esfuerzo posible. No obstante, en realidad, las grandes cosas en la vida son realizadas a través nuestro, y no por nosotros: **Si Jehová no edificare la casa, en vano trabajan los que la edifican...**(Salmo 127:1)

Mientras trabajamos para edificar la casa de Dios sobre la tierra, debemos asegurarnos de construirla de acuerdo a Su modelo y por Su Espíritu; y no conforme a las ideas, planes y esfuerzos humanos. Dios hará grandes cosas a través nuestro si empleamos lo mejor de nuestra habilidad y luego confiamos que El haga el resto.

Muchos cristianos se equivocan porque se van a los extremos. No hacemos lo mejor que podemos, o pensamos que tenemos que hacerlo todo por nuestras fuerzas y no "entregamos la situación a Dios". Para ser diligentes en el trabajo debemos desarrollar la disciplina. Si queremos ser libres de los problemas financieros o de cualquier otro problema, debemos tener la disciplina de estudiar la Palabra de Dios de continuo.

> **Dijo entonces Jesús a los judíos que habían creído en él: Si vosotros permaneciereis en mi palabra, seréis verdaderamente mis discípulos; y conoceréis las verdad, y la verdad os hará libres.**
>
> **Juan 8:31-32**

En el contexto del conocimiento humano, hay muchas verdades, pero hay sólo una verdad que libertará a la gente del pecado, la destrucción y el dominio de Satanás, y es la verdad de Jesucristo hallada en la Palabra de Dios.

Quisiera preguntarle a cada lector: ¿Quiere usted ser un discípulo de Jesucristo? ¿Quiere usted ser libre?

Acabamos de ver que esta libertad se obtiene por mantenerse en la Palabra de Dios día tras día, semana tras semana, y mes tras mes. En mi opinión, el principal impedimento que tienen los cristianos para alcanzar su libertad en Cristo es la falta de constancia.

Muchos cristianos comienzan a estudiar la Biblia, pero pocos de ellos se mantienen en la meditación de la Palabra de Dios. La palabra discípulo y disciplina derivan de la misma raíz, y esto no es por casualidad. Si queremos ser verdaderos discípulos de Jesucristo, debemos disciplinarnos en la Palabra de Dios y mantener la constancia.

Los Verdaderos Discípulos Aman Su Palabra

Sólo haremos lo que la Palabra de Dios nos enseña si entramos en la "perfecta ley de la libertad", aquella que nos hace libres, escudriñando de continuo la Palabra de Dios, y meditando en estas leyes. Si hacemos estas cosas seremos bendecidos por nuestro Padre.

> **Mas el que mira atentamente en la perfecta ley, la de la libertad, y persevera en ella, no siendo oidor olvidadizo, sino hacedor de la obra, éste será bienaventurado en lo que hace.**
> **Santiago 1:25**

Esta ley es la voluntad de Dios impregnada en nuestros corazones por la presencia del Espíritu Santo. A través de la fe en Cristo no sólo recibimos misericordia y perdón, sino también el poder y la libertad para obedecer la ley de Dios. Esto se llama "la ley de la libertad", porque el creyente desea libremente hacer la voluntad de Dios. Jamás debe esto ser tomado como ocasión para violar los mandamientos de Cristo, sino más bien, como la libertad y el poder para obedecerlos.

Si lleva cuatro años graduarse del secundario y otros cuatro años de la facultad, ¿porqué suponemos que aprenderemos las leyes espirituales de Dios sin dedicar tiempo, esfuerzo y meditación? Si queremos que Dios nos prospere, debemos entregarnos enteramente al continuo estudio y meditación de Su Palabra.

Ocúpate en estas cosas; permanece en ellas, para que tu aprovechamiento sea manifiesto a todos.
1 Timoteo 4:15

Muchos cristianos toman la decisión que van a pagar el precio de estudiar y meditar perseverantemente, pero no mantienen su firmeza. Las primeras cuatro o cinco semanas son las más difíciles, si al menos usted puede aferrarse a un patrón definido de estudio y meditación durante ese tiempo, comenzará a desarrollar un habito que será duradero.

Algunos cristianos creen que el estudio disciplinado con meditación es contrario a una vida guiada por el Espíritu Santo.

Ellos dicen: "No voy a desmenuzar la Palabra todos los días, más bien voy a esperar en la dirección diaria del Espíritu Santo y hacer lo que El me indique"

El Espíritu Santo jamás nos guiará contrario a la Palabra, y la Palabra de Dios nos recuerda acerca de la importancia de disciplinarnos continuamente en el estudio y la meditación de Su Palabra. Satanás quiere que tengamos hábitos desordenados en nuestra vida sin ningún patrón fijo. Nuestro Padre quiere que entendamos cuan precioso es el tiempo: **Enséñanos de tal modo a contar nuestros días, que traigamos al corazón sabiduría.** (Salmo 90:12)

Nuestro Padre no quiere que desperdiciemos nuestro tiempo sobre la tierra, sino que hagamos buen uso de el. Algo que puede ayudarle a tener una mejor perspectiva del tiempo es considerar los días de su vida como una "cuenta bancaria" abierta el día que usted nació. Cada año, usted "expende" un dólar, y sólo posee 40, 60 o algunos 80, quizá. Este concepto nos abre la conciencia para analizar como gastamos cada dólar, y los pocos que tenemos.

Mirad, pues, con diligencia cómo andéis, no como necios sino como sabios, aprovechando bien el tiempo, porque los días son malos.

Efesios 5:15-16

En el próximo capítulo, veremos el resultado que producirá estudiar y meditar la Palabra de Dios en nuestros corazones, en nuestras bocas, y en nuestras acciones.

10

El Conocimiento Racional No Activa las Leyes de Dios

Sabiduría y ciencia te son dadas; y también te daré
riquezas, bienes y gloria...

2 Crónicas 1:12

Cuando oímos la Palabra de Dios, hay una semilla que queda sembrada en nuestro corazón. Desafortunadamente, mucha gente escucha la Palabra de Dios que es inspirada en la iglesia, pero antes de llegar a sus automóviles se olvidaron de la mayor parte de lo que escucharon. Cuando esto ocurre, la semilla de la Palabra de Dios nunca tiene la oportunidad de hacer raíz y desarrollarse. La Palabra de Dios crecerá en nuestros corazones dependiendo del tiempo que dediquemos a la meditación de ella.

El conocimiento racional no es suficiente para alcanzar la manifestación de las leyes de Dios.

Las leyes de Dios se originan en una esfera espiritual que es completamente diferente del mundo natural en que vivimos. No podemos entender las leyes de Dios con nuestro entendimiento humano o nuestras mentes naturales. La clave para activar las leyes de Dios es tenerlas en nuestro corazón: **Porque cual es su pensamiento en su corazón, tal es él...** (Proverbios 23:7)

Por esta razón, Dios quiere que meditemos en Su Palabra de día y noche. Esta disciplina cambiará cada aspecto de nuestra vida, porque los eventos significativos de nuestra vida están fundamentados en lo que creemos profundamente en nuestros corazones. (Proverbios 4:23) El corazón es la fuente de la decisión y los deseos.

Seguir y conocer los caminos de Dios requiere una firme decisión de permanecer dedicado a El, buscando en primer lugar Su reino y Su justicia.

Si percibimos que nuestra hambre y sed por Dios y Su reino están menguando, deberíamos hacer una reevaluación de nuestras metas, reconocer nuestra tibieza, y orar sinceramente por un deseo renovado por Dios y Su gracia.

Cuando no guardamos nuestros corazones, nos apartamos del camino seguro y nos prestamos al lazo del cazador; pero guardar nuestro corazón sobre todas las cosas nos mantendrá caminando firmes en el favor y la gracia de Dios. Nuestro Padre quiere que nuestro corazón y nuestra mente estén llenos de Su Palabra: **Por tanto, pondréis estas mis palabras en vuestro corazón y en vuestra alma...** (Deuteronomio 11:18)

La continua meditación de la Palabra de Dios hará que la Escritura se transmita de la mente a lo profundo del corazón y así fortalecernos al punto que los problemas que antes nos acosaban, no nos harán resbalar: **La ley de su Dios está en su corazón; por tanto, sus pies no resbalarán.** (Deuteronomio 11:18)

Como mencioné anteriormente, en los tiempos de dificultad económica, muchas personas tratan de acumular dinero para amontonar alimentos y otras necesidades de la vida. El desasosiego de amontonar es una falsificación espiritual de lo que el Padre quiere que Sus hijos hagan en tiempos difíciles: "guardar". Dios quiere que rebalsemos nuestros corazones con Su Palabra, para que en medio de las crisis resolvamos instintivamente. El Padre quiere que Su Palabra esté tan solidamente establecida en nuestros corazones, que no tengamos ningún temor a los problemas que sobrevengan.

Por lo cual no resbalará jamás; en memoria eterna será el justo. No tendrá temor de malas noticias; su corazón está firme, confiado en Jehová. Asegurado está su corazón; no temerá, hasta que vea en sus enemigos su deseo.

Salmo 112:6-8

No debemos ser movidos por el temor y la ansiedad durante los tiempos difíciles, porque nuestra confianza está en el Señor, no en nosotros mismos o en las circunstancias externas. Jamás deberíamos temer a las malas noticias. En lugar de enfocarnos en las malas noticias de la inflación, el desempleo, o las tasas de interés, nuestros corazones deberían estar "firmes" en la Palabra de Dios, confiando enteramente en Sus promesas.

No importa lo terrible que parezca una situación, un corazón verdaderamente afianzado jamás vacilará. Nuestro Padre Celestial desea que nuestras mentes y nuestros corazones estén llenos de la Palabra, para que cuando los problemas nos hagan frente prevalezcamos: **Así crecía y prevalecía poderosamente la palabra del Señor.** (Hechos 19:20)

La Palabra griega traducida como "prevalecer" significa "ser fuerte y poderoso". Nuestro Padre Celestial quiere que Su Palabra sea tan fuerte y poderosa en nuestro interior que prevalezca por encima de todo problema; porque no hay nada que temer y nada porque preocuparse. No importa cual difícil parezca la situación, Dios siempre nos ayudará en la medida que le creamos a El en nuestros corazones.

Dios cumplirá su parte, si nosotros hacemos la nuestra; nuestra parte es llenar nuestro corazón con Su Palabra para poder confiar totalmente en El.

Jehová es bueno, fortaleza en el día de la angustia; y conoce a los que en él confían.

Nahum 1:7

Nuestro corazón es el lugar donde reside "la información" de la Palabra de Dios donde luego es utilizada por nuestro cerebro-computador. Cuando se presenta un problema a nuestra vida, debería activarse inmediatamente la función de "búsqueda" en la memoria de nuestro corazón, para encontrar las leyes de Dios que actuarán sobre el problema. Luego, debemos responder de acuerdo a nuestra fe, en conformidad con lo que dice la Palabra de Dios, y no de acuerdo al problema que enfrentamos.

Busque Soluciones En Lugar de Problemas

Sin importar lo difícil que parezca el problema, siempre debemos confiar en el Señor. Dios no quiere que vivamos afanados sino que cuando se presenten los problemas en nuestra vida, en lugar de quedarnos llenos de ansiedad y de preocupación, nos dirijamos al Padre Celestial en una oración de fe basada solidamente en las promesas de Su Palabra. Si verdaderamente confiamos en Su Palabra, nuestras oraciones incluirán más acciones de gracias que peticiones, porque sabemos que El cumplirá lo que dijo en Su Palabra.

Si seguimos estas instrucciones, cuando lleguen los problemas a nuestra vida la Palabra de Dios dice que recibiremos una paz que sobrepasa todo entendimiento.

Por nada estéis afanosos, sino sean conocidas vuestras peticiones delante de Dios, en toda oración y ruego, con acción de gracias. Y la paz de Dios, que sobrepasa todo entendimiento, guardará vuestros corazones y vuestros pensamientos en Cristo Jesús.

Filipenses 4:6,7

La cura principal para la ansiedad es la oración; cuando oramos renovamos nuestra confianza en la fidelidad del Señor echando toda nuestra ansiedad sobre El, sabiendo que tiene cuidado de nosotros.

La paz de Dios llegará a nuestra mente y nuestro corazón como resultado de nuestra comunión con Jesús. Si verdaderamente confiamos en Dios de todo corazón, reflejaremos nuestra confianza a través de las palabras que salen de nuestra boca. Hemos visto un buen ejemplo de esto en cuanto a nuestra oración en tiempos de adversidad. Si nuestros corazones rebalsan con la Palabra de Dios, saldrá por nuestra boca una abundancia de Escrituras tal como dijo Jesús:

...Porque de la abundancia del corazón habla la boca. El hombre bueno, del buen tesoro del corazón saca buenas cosas; y el hombre malo, del mal tesoro saca malas cosas.

Mateo 12:34-35

Durante los tiempos de presiones extremas, manifestaremos aquello que llena nuestro corazón por las palabras que salen de nuestra boca. La Palabra de Dios nos dice lo que sucede cuando permitimos que de nuestra boca salgan las palabras incorrectas: **Si alguno se cree religioso entre vosotros, y no refrena su lengua, sino que engaña su corazón, la religión del tal es vana** (Santiago 1:26)

La palabra griega traducida como "vana" significa que "carece de resultados". Por tanto, si no "refrenamos" nuestras lenguas (mantenerlas bajo control), nuestras palabra pueden hacer que nuestras bendiciones sean inefectivas o nulas. Si de manera constante declaramos palabras contrarias a las leyes de Dios, esto implica duda y falta de fe.

Nuestro Padre Celestial no nos prosperará sin fe, porque El ha establecido que Su Reino opera a través de la fe. Para recibir algo de Dios es necesario usar la fe, comenzando con la salvación. (Hebreos 11:6)

Muchos cristianos se encierran en prisiones financieras y arrojan la llaves con las palabras de duda y temor que salen de su boca cuando son enfrentados por una crisis. Desconociendo lo que dice la Palabra de Dios: **Te has enlazado con las palabras de tu boca, y has quedado preso en los dichos de tus labios.** (Proverbios 6:2)

Un "lazo" es una atadura, y muchos de nosotros quedamos atados con nuestras palabras sin darnos cuenta. Nuestras palabras pueden ponernos en una prisión financiera o pueden liberarnos: **El que guarda su boca y su lengua, su alma guarda de angustias.** (Proverbios 21:23) No obstante, en los momentos de tensión, no po-demos domar nuestras lenguas simplemente con la voluntad: **Pero ningún hombre puede domar la lengua...** (Santiago 3:8)

El Corazón Controla el Comportamiento

Cuando las cosas se ponen difíciles, no podemos controlar lo que decimos con nuestra mente, porque las palabras son controladas por lo que creemos en nuestro corazón. Por esta razón se hace tan importante que nuestros corazones estén llenos de la Palabra de Dios. ¿Recuerda que cite el pasaje de Josué 1:8, el único versículo en toda la Biblia que hace mención a las palabras éxito y prosperidad?

El versículo comienza con las palabras: **Nunca se apartará de tú boca este libro de la ley.** Esto significa que si queremos prosperar, deberíamos confesar la Palabra de Dios durante el día, y todos los días de nuestra vida; jamás debemos permitir que se aparte de nuestra boca. Le pido a cada lector que sea sincero y responda las siguientes dos preguntas:

• ¿Confieso la Palabra de Dios todo el día desde que me levanto hasta la hora de dormir por la noche?

• ¿Lo hago día tras día, semana tras semana, y mes tras mes?

La Palabra de Dios es más grande que cualquier problema que podamos enfrentar. En la esfera espiritual cuando declaramos la Palabra de Dios, y la respaldamos con una fuerte fe, inconmovible y paciente, tendrá el mismo efecto que si Dios la declarara en voz alta.

Así será mi palabra que sale de mi boca; no volverá a mí vacía, sino que hará lo que yo quiero, y será prosperada en aquello para que la envié.

Isaías 55:11

El poder y/o el efecto de la Palabra de Dios jamás puede ser cancelada o rendida nula. La Palabra de Dios traerá vida para aquellos que la reciben o condenación para los que la rechazan. Podemos ver con claridad que Dios relaciona las palabras que declaramos con nuestra boca, a la prosperidad que recibimos en nuestra vida. Si creemos profundamente a las promesas de Dios en nuestro corazón, y constantemente abrimos nuestra boca y las declaramos, Dios nos prosperará.

Jamás debemos confesar dinero escaso, tiempos difíciles ni otros problemas financieros, porque si permitimos que estas palabras salgan de nuestra boca, de hecho, estamos dudando de las promesas de Dios. ¿Cómo podemos esperar que nuestro Padre nos bendiga, si continuamente abrimos nuestra boca dudando de las promesas que nos ha entregado?

Insto a cada lector de este libro, a que utilice el método que cubrimos previamente para la meditación de la Palabra. Escriba un versículo de la Escritura en una tarjeta que pueda llevar con usted cada día. Medite en el versículo de día y de noche, reflexione en su pensamiento y piense como concierne a su vida.

Sobre todo, abra su boca con valor y declare repetidamente el versículo de la Escritura. Cuando la situación se pone caótica, necesitamos declarar la Palabra de Dios con mayor perseverancia. Cuando estuve al borde de la bancarrota y de un trastorno nervioso, citaba, leía, y repetía mi versículo predilecto de la Escritura. (Filipenses 4:13)

Puedo recordar los difíciles y oscuros días cuando me sentaba a mi escritorio y repetía: **Todo lo puede en Cristo que me fortalece**, 100 veces. Cada vez que repetía este versículo, escribía en un anotador las veces que lo había dicho – 1,2,3,4, etc. No fue fácil; debería usted probarlo alguna vez.

La Palabra de Dios nos dice la manera que crece nuestra fe: **Así que la fe es por el oír, y el oír, por la Palabra de Dios.** (Romanos 10:17) También nos es dicho que hay personas que oyen la Palabra de Dios pero no les aprovecha.

Porque también a nosotros se nos ha anunciado la buena nueva como a ellos; pero no les aprovechó el oír la palabra, por no ir acompañada de fe en los que la oyen.

Hebreos 4:2

El oír la Palabra de Dios sólo aprovechará al grado de la fe con que la oímos ¿Cómo acompañamos la Palabra con fe? La respuesta es que debemos hablar lo que creemos y actuar en lo que creemos. Estoy completamente persuadido que la fe crece más rápido cuando nuestro oído oye a nuestra boca hablar de continuo la Palabra de Dios.

Cuando enfrentamos dificultades, nuestras palabras deben expresar nuestra fe, no debemos titubear sino que debemos aferrarnos en la confesión de la Palabra de Dios, porque sabemos que nuestro Padre hará exactamente lo que dice en Su Palabra: **Mantengamos firme, sin fluctuar, la profesión** (profesar=confesar) **de nuestra esperanza, porque fiel es el que prometió.** (Hebreos 10:23)

Todos somos humanos, y no somos perfectos. Quizás por distracción permitimos que algo negativo salga de nuestra boca. Si esto ocurre, debemos inmediatamente ir a nuestro Padre, confesar nuestro error y pedirle que nos perdone, y El lo hará.

Si confesamos nuestros pecados, él es fiel y justo para perdonar nuestros pecados, y limpiarnos de toda maldad.

1 Juan 1:9

Debemos reconocer nuestros pecados y buscar el perdón y la purificación de Dios. Los dos resultados son 1) perdón y reconciliación con Dios, y 2) la purificación de la culpa y del poder destructivo del pecado a fin de que vivamos una vida en santidad.

Si le pedimos a nuestro Padre que nos perdone, El lo hará. Nos limpiará completamente de esas palabras, las anulará y será como si nunca las hubiésemos hablado porque se olvidará de ellas.

Porque seré propicio a sus injusticias, y nunca más me acordaré de sus pecados y de sus iniquidades.
Hebreos 8:12

11
Actúe Sobre Aquello Que Conoce

Cualquiera, pues, que me oye estas palabras, y las hace, le compararé a un hombre prudente, que edificó su casa sobre la roca. Descendió lluvia, y vinieron ríos, y soplaron vientos, y golpearon contra aquella casa; y no cayó, porque estaba fundada sobre la roca.
Mateo 7:24-25

Ha llegado la hora de mirar la instrucción final de Josué 1:8, el "versículo del éxito y la prosperidad". Este versículo nos insta a meditar de día y de noche en la Palabra de Dios declarándola constantemente para hacer todo lo que en ella está escrito.

Jesucristo puso un gran énfasis en la importancia de hacer lo que la Palabra de Dios nos dice; y también nos dijo lo que ocurre con aquellos que oyen Su Palabra y no la hacen.

Pero cualquiera que me oye estas palabras y no las hace, le compararé a un hombre insensato, que edificó su casa sobre la arena; y descendió lluvia, y vinieron ríos, y soplaron vientos, y dieron con ímpetu contra aquella casa; y cayó, y fue grande su ruina.
Mateo 7:26-27

Muchos economistas predicen que grandes tormentas económicas se avecinan dentro poco tiempo. ¿Caerá usted bajo las presiones de estas tormentas? Jesús dice que no caeremos si hacemos lo que Su Palabra nos dice, porque entonces nuestro fundamento estará "sobre la roca". Sin embargo, es un hecho triste que muchos cristianos oyen la Palabra de Dios, pero fallan en hacer lo que ella dice.

Cuando esto ocurre, Jesús dijo que estamos edificando sobre el débil fundamento arenoso, y sucumbiremos. Considerando nuestro futuro financiero en medio de una frágil economía, llegamos a un verdadero cruce de camino: ¿Estamos haciendo lo que la Palabra de Dios nos dice que hagamos?

La obediencia es la clave para recibir las bendiciones de Dios…

Antes bienaventurados los que oyen la palabra de Dios, y la guardan. (Lucas 11:28) Muchos cristianos se pierden la bendición del Padre por la sencilla razón que no toman el paso de fe para obedecer lo que Su Palabra nos dice que hagamos. Y esto es lo que, en sentido espiritual, "separa los hombres de los muchachos"; una fuerte fe demanda acción.

Si en verdad creemos, lo demostraremos a través de nuestra obediencia a la Palabra de nuestro Padre: **Pero sed hacedores de la palabra, y no tan solamente oidores, engañándoos a vosotros mismos.** (Santiago 1:22) Si sólo oímos la Palabra de Dios y no actuamos en lo que ella dice, ¡nos engañamos a nosotros mismos!

¿Por qué dice Dios que llenemos nuestros corazones y nuestra boca con Su Palabra? El nos dice esto por una razón: **Porque muy cerca de ti está la palabra, en tu boca y en tu corazón, para que la cumplas.** (Deuteronomio 30:14) Cuando rendimos nuestra vida a Jesucristo, recibimos un espíritu recreado, un corazón nuevo. Este nuevo corazón esta predispuesto para hacer lo que Dios dice.

Os daré corazón nuevo, y pondré espíritu nuevo dentro de vosotros; y quitaré de vuestra carne el corazón de piedra, y os daré un corazón de carne. Y pondré dentro de vosotros mi Espíritu, y haré que andéis en

mis estatutos, y guardéis mis preceptos, y los pongáis por obra.

Ezequiel 36:26-27

Dios promete no sólo restaurarnos físicamente, sino espiritualmente también. Esta restauración incluye un nuevo corazón, tierno como la carne, para que respondamos a la Palabra de Dios. Además, Dios pondrá Su Santo Espíritu en nosotros, porque sin la morada del Espíritu Santo es imposible que una persona tenga la vida verdadera para seguir los caminos de Dios. Es vital que permanezcamos abiertos a la voz y la guía del Espíritu Santo.

Porque Dios es el que en vosotros produce así el querer como el hacer, por su buena voluntad.

Filipenses 2:13

La gracia de Dios está operando en Sus hijos para producir en ellos así el querer como el hacer, por Su buena voluntad. No obstante, la obra de Dios no se realiza en forma compulsiva o por una fuerza que nos obliga. El obrar de la gracia en nuestro interior siempre depende de nuestra fidelidad y cooperación.

En la medida que entregamos nuestra vida al Espíritu Santo en nuestro interior, y en la medida que estudiamos y meditamos con perseverancia la Palabra de Dios, haremos mucho más que tan sólo memorizar versículos. Haremos exactamente lo que la Palabra de Dios nos dice que hagamos, y como resultado, nuestro Padre nos bendecirá en todo lo que emprendamos.

Mas el que mira atentamente en la perfecta ley, la de la libertad, y persevera en ella, no siendo oidor olvidadizo, sino hacedor de la obra, éste será bienaventurado en lo que hace.

Santiago 1:25

Esta ley es la voluntad de Dios impregnada en nuestros corazones por la presencia del Espíritu Santo. A través de la fe en Cristo no sólo recibimos misericordia y perdón, sino el poder y la libertad para obedecer la ley de Dios. El apóstol Santiago llama a la obediencia "la ley del hombre libre", porque el creyente desea hacer la voluntad de Dios. La Biblia Reina Valera lo define como "la perfecta ley de la libertad".

La Obediencia Produce Libertad

Esta libertad, jamás debe ser tomada como ocasión para violar los mandamientos del Señor, sino más bien como el poder y la libertad para obedecerlos. Una vez estando Jesús rodeado por una gran multitud de gente, Sus discípulos le dijeron que Su madre y Sus hermanos estaban esperando para verle pero no podían llegar a El por causa de la gran multitud.

Jesús les respondió:... **Mi madre y mis hermanos son los que oyen la palabra de Dios, y la hacen.** (Lucas 8:21)

Los familiares de Jesús son aquellos que oyen y obedecen la Palabra de Dios, y forman parte de la familia de Dios. La fe sin obediencia no es una opción más.

¿Es Jesucristo tú "Hermano mayor"? El ha dicho claramente que Sus hermanos (y hermanas) sobre la tierra son aquellos que hacen lo que dice la Palabra de Dios. No hay otra manera de prosperar bajo las leyes de Dios del éxito y la prosperidad.

...Para que... guardes la ley de Jehová tú Dios. Entonces serás prosperado, si cuidares de poner por obra los estatutos y decretos...
1 Crónicas 22:12,13

Podemos disfrutar de la prosperidad sobre este atribulado mundo si hacemos y vivimos de acuerdo a lo que nuestro Padre nos dice: **Si oyeren, y le sirvieren, acabarán sus días en bienestar, y sus años en dicha.** (Job 36:11) Vez tras vez, vemos que Dios relaciona "el prosperar y la prosperidad" con la palabra *hacer*. Si hacemos lo que la Palabra de Dios nos dice, prosperaremos en todo lo que hagamos y en todo aquello que emprendamos.

> **Guarda los preceptos de Jehová tu Dios, andando en sus caminos, y observando sus estatutos y mandamientos, sus decretos y sus testimonios, de la manera que está escrito en la ley de Moisés, para que prosperes en todo lo que hagas y en todo aquello que emprendas.**
> **1 Reyes 2:3**

Si obedecemos Sus instrucciones, el Padre nos permitirá comer del bien de la tierra, o sea disfrutar de lo mejor que este mundo tiene para ofrecer. (Isaías 1:19) ¿Le gustaría a usted vivir una larga vida, llena de paz y sin la falta de ningún bien? La Palabra de Dios nos enseña como lograrlo.

> **Hijo mío, no te olvides de mi ley y tu corazón guarde mis mandamientos; porque largura de días y años de vida, y paz te aumentarán.**
> **Proverbios 3:1-2**

Generalmente hablando, obedecer a Dios y vivir de acuerdo a Sus santos principios resultará en una mejor salud, largura de días, y una vida feliz y próspera. Observemos de cerca estas tres frases de Proverbios 3:2 1) largura de días, 2) años de vida y 3) paz te aumentarán.

Cuando leí estas palabras por primera vez, pensé que significaban larga vida. Sin embargo, esta interpretación no está completa porque enseguida aparecen las palabras "y años de vida". Entonces entendí que lo que Salomón estaba diciendo era que si obedecemos la Palabra de Dios, El nos "añadirá años de vida". En otras palabras, nuestros días nos rendirán mucho más.

Esto fue exactamente lo que ocurrió en mi vida. Durante los últimos 20 años he pasado gran parte de mi tiempo estudiando y meditando la Palabra de Dios y haciendo lo mejor para vivir mi vida de acuerdo a la Palabra de Dios, y durante ese tiempo, he visto asombrosos cambios en la administración de mi tiempo.

Hoy día hago muchas más cosas que en años pasados, no obstante, con una con facilidad y un equilibrio en mi vida que es mucho mejor que antes. Y aunque mi agenda diaria está completa, puedo realizar todas las cosas que necesitan ser hechas, y aún así, disfrutar el buen equilibrio en el área del tiempo familiar, esparcimiento, ejercicio físico, y otras cosas. Puedo testificar a la verdad, que en la medida que obedezcamos la Palabra del Señor seremos bendecidos con "largura" de días.

La Palabra de Dios nos dice que podemos colocarnos en una posición donde Sus bendiciones vendrán "sobre" nosotros y nos "alcanzarán". ¡No necesitamos correr detrás de las bendiciones de Dios! Su Palabra dice que ellas nos "alcanzarán".

Acontecerá que si oyeres atentamente la voz de Jehová tu Dios, para guardar y poner por obra todos sus mandamientos que yo te prescribo hoy, también Jehová tu Dios te exaltará sobre todas las naciones de la tierra. Y vendrán sobre ti todas estas bendiciones, y te alcanzarán, si oyeres la voz de Jehová tu Dios.
Deuteronomio 28:1-2

Los escritores del Nuevo Testamento frecuentemente citan los versículos en Deuteronomio. Jesús también citó ese libro cuando fue tentado por Satanás y cuando enseñó acerca de cómo debe ser nuestra relación con Dios definida en el "primer y gran mandamiento", (Mateo 22:38) ¡Qué hermosa la forma en que todo esto se confirma!

Nuestro Padre quiere que prestemos un "oído diligente" a Su voz para que sepamos como debemos vivir nuestra vida. Luego a través de Su Palabra nos muestra exactamente lo que necesitamos hacer para vivir de acuerdo a Su voluntad. Y si le obedecemos, El dice que nos pondrá en alto.

Nos pondrá en una esfera de conocimiento espiritual que nos elevará por encima de la manera en que la gente de la tierra vive. Si hacemos lo que nuestro Padre nos dice, Su bendición vendrá buscándonos y nos alcanzará. Todo depende de nosotros, porque Dios nos ha dado la libertad de elegir.

Dios nos ha entregado Sus leyes de prosperidad, las cuales delineo en detalle en este libro. Si las seguimos, prosperaremos en todas las áreas. Empero, si insistimos en vivir nuestras vidas como queremos, debemos estar preparados para pagar la penalidad de la desobediencia. Muchos cristianos dicen conocer las leyes de Dios, sin embargo, sus palabras y acciones demuestran lo contrario.

En la vida enfrentaremos muchas pruebas, y los resultados finales se basarán no en lo que pensamos saber, sino en lo que decimos y hacemos durante estas pruebas. Una de las formas que Dios nos prueba con el dinero, es observando como cumplimos sus instrucciones en el área que a todos nos resulta muy importante: nuestras finanzas.

El resto de este libro delineará en detalle las variadas pruebas que todos debemos aprobar en cuanto a la administración de nuestras finanzas. La Escritura nos enseña exactamente lo que el Padre quiere que hagamos con nuestro dinero, y si seguimos Sus instrucciones prosperaremos en todas las áreas de nuestra vida sin importar la situación económica en el mundo.

12

El Fundamento de la Prosperidad: La Siembra y la Cosecha

Dad, y se os dará; medida buena, apretada, remecida y rebosando darán en vuestro regazo; porque con la misma medida con que medís, os volverán a medir.

Lucas 6:38

Los siguientes capítulos de este libro estarán basados sobre un principio bíblico llamado: La ley de Dios de la siembra y la cosecha. Esta ley entró en operación cuando Dios creó los cielos y la tierra y jamás cesará de operar mientras la tierra permanezca. **Mientras la tierra permanezca, no cesarán la sementera y la siega, el frío y el calor, el verano y el invierno, y el día y la noche.** (Génesis 8:22)

Jesús nos dijo que el reino de Dios está basado en el principio de la siembra y la cosecha. Plantamos semillas en la tierra y ellas brotan y crecen sin que sepamos cómo.

Decía además: Así es el reino de Dios, como cuando un hombre echa semilla en la tierra; y duerme y se levanta, de noche y de día, y la semilla brota y crece sin que él sepa cómo.

Marcos 4:26,27

Todos conocemos como las leyes de Dios de la siembra y la cosecha obran en la esfera natural con las plantas, las flores, las frutas y los vegetales. Lo que mucha gente desconoce es que esta misma ley, de siembra y cosecha, también opera en otras áreas de nuestra vida. El versículo básico sobre la siembra y la cosecha dice así: **Todo lo que el hombre sembrare, eso también segará.** (Gálatas 6:7)

Si queremos maíz, tenemos que plantar semillas de maíz. Si queremos zanahorias, tenemos que plantar semillas de zanahoria.

Si queremos tomates, tenemos que plantar semillas de tomate.

Esto es muy obvio, sin embargo, las leyes de Dios de la siembra y la cosecha van mucho más allá de la esfera de la agricultura; se aplica a todas las áreas de nuestra vida. Por ejemplo, en un matrimonio el marido cree que su esposa no lo ama lo suficiente. ¿Qué puede hacer para recibir un mayor amor de ella?

¿Debería demandar que ella lo ame?
¿Debería insistir en la cuestión?
¿Debería tratar de forzarla a que lo ame?

Si algo queremos "cosechar", la Palabra de Dios dice que primero tenemos que "sembrar" el tipo de semilla que pretendemos. "Toda especie se reproduce según su misma especie". (Génesis 1:24-25) Si queremos más amor ¿qué clase de semilla debemos sembrar? Jesús nos dio la respuesta en la "regla de oro": **Así que, todas las cosas que queráis que los hombres hagan con vosotros, así también haced vosotros con ellos; porque esto es la ley y los profetas.** (Mateo 7:12)

Si queremos recibir más amor, primero debemos nosotros plantar semillas de amor, y cosecharemos exactamente lo que sembramos: **El hombre que tiene amigos ha de mostrarse amigo...** (Proverbios 18:24) Este principio también opera en la esfera de la fe, porque Jesús comparó la fe a una "semilla": **...si tuviereis fe como un grano** (semilla) **de mostaza...** (Mateo 17:20)

En la forma que lo explicó Jesús, ¿qué es la fe?

• La verdadera fe es aquella que produce resultados, mueve montañas. (Mateo 17:20)

• La verdadera fe no es aquella fe presumida como un poder, sino más bien la fe en Dios; y no la fe en la fe de uno mismo.

• La verdadera fe es una obra de Dios dentro del corazón de los creyentes; comprende una conciencia divinamente impartida que nuestras oraciones son respondidas. Esta convicción es creada en nuestro interior por el Espíritu Santo; no podemos producirla con nuestra mente natural.

• La verdadera fe es un don que Cristo nos imparte. Por lo tanto, es importante que nos acerquemos a Cristo y Su Palabra para profundizar nuestro compromiso y nuestra confianza en El. Dependemos de El para todas las cosas: **...Separados de mí nada podéis hacer...** (Juan 15:5) En otras palabras necesitamos buscar a Cristo como el autor y consumador de nuestra fe. El secreto y la fuente de nuestra fe, es la comunión con Su presencia y la obediencia a Su Palabra.

• La verdadera fe es permitir que Dios esté en control. La fe que recibimos de Dios, nos es dada a raíz de Su amor, sabiduría, gracia, y para el propósito del Reino; nos es dada para cumplir Su voluntad y para expresarnos Su amor. Si sembramos suficientes semillas de fe, y aguardamos pacientemente hasta que llegue su "fruto", recibiremos nuestra cosecha.

Nadie quiere recoger una cosecha escasa, no obstante, las leyes de Dios para la siembra y la cosecha opera en ambos sentidos. La misma tierra que hace brotar la bella rosa también produce los desagradables espinos. Muchos de nosotros hemos sembrado enojo, crítica, y falta de perdón. Como resultado, otras personas se han enojado, irritado y también nos han criticado. Jesús estableció una sencilla regla para determinar la clase de semillas que hemos sembrado: **Así que, por sus frutos los conoceréis.** (Mateo 7:20)

Si hemos plantado semillas de amor, fe y bondad, nos daremos cuenta por los resultados: el fruto que estamos cosechando en nuestra vida. Por otro lado, si hemos estado plantando otras clases de semillas, nos daremos cuenta por los resultados negativos en nuestra vida:**...Como tú hiciste se hará contigo; tu recompensa volverá sobre tu cabeza.** (Abdías 1:15)

Toda Especie Se Reproduce Según su Genero

¿Cómo podrían ser las leyes de Dios, para la siembra y la cosecha, más claras? Aquello que estamos necesitando recibir más, es lo que más necesitamos sembrar. Todos hemos visto como las leyes de Dios de la siembra y la cosecha se aplican a las semillas que sembramos en la tierra, además, podemos ver como estas mismas leyes se aplican al amor, la bondad, el enojo, la crítica y otras áreas intangibles.

Sin embargo, muchos cristianos no perciben que estas mismas leyes de la siembra y la cosecha se pueden aplicar a las finanzas. Si queremos recibir una cosecha de dinero, debemos sembrar semillas de dinero. Tal como las leyes de Dios para la siembra y la cosecha dan resultado en la agricultura y las relaciones humanas, también lo darán en las finanzas.

Jamás debemos titubear de hacer buen uso de los atributos que poseemos; la Palabra de Dios dice que el bien que hiciéremos a nuestro prójimo, El lo regresará... **Sabiendo que el bien que cada uno hiciere, ese recibirá del Señor...** (Efesios 6:8) Cuando damos de nuestras habilidades, nuestro amor, bondad o nuestro dinero, lo que en realidad estamos dando es una porción de nosotros mismos.

Cuando damos de lo nuestro, estamos plantando la semilla que abrirá a nuestro Padre el "canal" que necesita para retribuirnos conforme a Sus leyes imparciales y justas de la siembra y la cosecha. La Palabra de Dios contiene algunos hechos que muestran claramente como Sus leyes de sembrar y cosechar son aplicables a nuestras finanzas.

Comencemos con un versículo que describe perfectamente la prosperidad financiera que nuestro Padre tiene para aquellos que siguen Sus leyes para el éxito y la prosperidad.

Y poderoso es Dios para hacer que abunde en vosotros toda gracia, a fin de que, teniendo siempre en todas las cosas todo lo suficiente, abundéis para toda buena obra.

2 Corintios 9:8

Aquellos creyentes que dan lo que pueden para ayudar a los que están en necesidad, hallarán que la gracia de Dios no sólo les proveerá para sus necesidades sino que también les hará abundar para toda buena obra. ¿Qué magnífico? Nuestro Padre puede hacer que abundemos en toda bendición para que, sin importar lo que pase, cada necesidad sea suplida y aún tengamos de sobra para dar en toda buena obra que somos guiados a dar.

La Palabra de Dios no sólo nos dice que está prosperidad está disponible, sino que siempre, cualquiera sea la situación, estará a nuestra disposición. En otras palabras, no importa lo que esté ocurriendo en la economía mundial, nuestro Padre puede proveernos con abundancia. Leamos nuevamente 2 Corintios 9:8:

Y poderoso es Dios para hacer que abunde en vosotros toda gracia, a fin de que, teniendo siempre en todas las cosas todo lo suficiente, abundéis para toda buena obra.

Jamás he leído un versículo con tantas declaraciones positivas, es un versículo lleno de palabras tales como toda gracia, siempre, todo, abundancia. ¿Cómo podría la Palabra de Dios ser más clara? ¿Cuántas promesas pueden ser contenidas en un versículo tan corto? Nunca ceso de emocionarme con este versículo por las palabras fuertes, positivas y cargadas de poder.

No obstante, hay una frase clave al comienzo del versículo que necesitamos cubrir, es la frase "puede hacer".

Este pasaje no dice que Dios siempre proveerá todo lo que necesitemos, no es algo automático para todo cristiano. Si lo fuera, nunca veríamos a un cristiano en problemas económicos. Este versículo claramente dice que Dios "puede hacer" que abundemos en gran prosperidad, pero no dice que lo hará.

¿Qué es lo que cambia el "Dios puede hacer" al "Dios hará"? ¿Sabe usted la respuesta? No es difícil de encontrar, todo lo que necesitamos hacer es leer los dos versículos que preceden las hermosas promesas del versículo 8. Leamos los tres versículos juntos para ver todo el cuadro.

> Pero esto digo: el que siembra escasamente, también segará escasamente; y el que siembra generosamente, generosamente también segará. Cada uno dé como propuso en su corazón: no con tristeza, ni por necesidad, porque Dios ama al dador alegre. Y poderoso es Dios para hacer que abunde en vosotros toda gracia, a fin de que, teniendo siempre en todas las cosas todo lo suficiente, abundéis para toda buena obra.
>
> 2 Corintios 9:6-8

Los cristianos pueden dar generosamente o escasamente y Dios les recompensará acorde. Dar no es una pérdida, sino que es una forma de ahorrar; resultando en un beneficio substancial para el dador. Aquí Dios, por medio del apóstol Pablo, no está hablando fundamentalmente de la cantidad que se da, sino de la calidad del deseo y el motivo de nuestro corazón.

La pobre viuda dio poco, pero Dios lo contó como mucho porque la proporción que dio representaba una completa dedicación. (Lucas 21:2)

¿Cómo podemos lograr "tener siempre en todas las cosas todo lo suficiente"? Se obtiene por sembrar generosamente; o sea por sembrar muchas semillas financieras de un corazón alegre y agradecido al Señor. Cuando hacemos esto, la Palabra de Dios dice que siempre cosecharemos generosamente.

Si sembramos escasamente, recogeremos una cosecha modesta. Dios quiere que sembremos semillas dando dinero para nuestro beneficio, no el Suyo. Dios no necesita nuestro dinero, el ya es el dueño del mundo y de todo lo que en el hay.

El Cielo también es Suyo, un lugar de abundancia donde las personas caminan sobre calles de oro puro (Apocalipsis 21:21) Nuestro Padre quiere que demos para proveerle las semillas que El nos multiplicará en regreso. Dios nos da semillas para sembrar, no para "amontonar" o "retener" porque Dios no multiplica las semillas que retenemos. El sólo multiplica las semillas que sembramos.

La Economía de Dios es Opuesta a al Mundo

El mundo nos dice que deberíamos retener y asir nuestro dinero para que no se nos acabe. Las leyes de Dios de la prosperidad nos dicen que nuestro billetes (dinero) son semillas que deberíamos plantar para que El pueda darnos una cosecha. Las semillas no tienen ningún valor en la agricultura hasta que son plantadas, y lo mismo ocurre en la esfera financiera.

Jesucristo es un perfecto ejemplo de la ley de Dios para la siembra y la cosecha. Cuando Jesús entregó Su vida sobre la cruz, El plantó la semilla más grande en la historia de la humanidad. Dios "sembró" a Su Hijo unigénito, y Jesús "sembró" Su vida. Ellos recogerán la más grande cosecha de millones de almas en Su Familia; todos los que han aceptado y los que aceptarán a Jesucristo como Su Señor y Salvador. Jesús mismo lo explico:

De cierto, de cierto os digo, que si el grano de trigo no cae en la tierra y muere, queda solo; pero si muere lleva mucho fruto.

Juan 12:24

La única forma que una semilla puede crecer es que sea enterrada en la tierra y muera. Así es en la agricultura, lo fue en la muerte de Jesús, y lo es en la vida de cada creyente. Antes que pudiéramos entrar a la familia de Dios, tuvimos que "morir" al concepto que podemos proveer nuestra propia justicia para entrar al Cielo.

En cambio, tuvimos que confiar en la justicia de Jesús. Este mismo principio se aplica a nuestras finanzas, antes de poder recoger una cosecha financiera, nuestro dinero debe morir, debemos entregarlo y morir a nuestro ser; debemos sembrarlo como una semilla, soltándolo y plantándolo, y confiando que nuestro Padre usará estas semillas financieras para producir en nuestras vidas la cosecha que necesitamos.

Algunos dicen, "quisiera dar, pero no tengo que dar".

Esto no es cierto, a todos Dios nos da una semilla para empezar, y cuando sembramos esa semilla, El la multiplicará para que siempre tengamos semillas para sembrar: **Y el que da semilla al que siembra, y pan al que come, proveerá y multiplicará vuestra sementera, y aumentará los frutos de vuestra justicia...** (2 Corintios 9:10)

Todos tenemos que empezar donde nos encontramos financieramente. Necesitamos sembrar lo que tengamos a mano, y sembrarlo con fe. Cuando sembramos, necesitamos confiar que Dios multiplicará en retorno lo que hemos sembrado, proveyendo para nuestras necesidades y aún añadiendo para volver a sembrar.

Hay gente por todo el mundo tratando de recibir una cosecha financiera sin plantar semillas financieras. Nadie pensaría de salir en el verano a cosechar tomates si en la primavera no plantaron las semillas de tomate. Sin embargo, esto es exactamente los que muchos hacen con sus finanzas. No podemos hacer una extracción del banco celestial si no hemos depositado en el. Le hago estas tres preguntas:

¿Tiene usted problemas financieros?
Si los tiene, ¿Qué clase de semillas ha sembrado?
¿Ha sembrado escasamente, o generosamente?
   (2 Corintios 9:6)

Hay quienes reparten, y les es añadido más; y hay quienes retienen más de lo que es justo, pero vienen

a pobreza. **El alma generosa será prosperada; y el que saciare, él también será saciado.**

Proverbios 11:24-25

Un agricultor que necesita una gran siega, plantará un gran número de semillas. Ningún granjero esperaría una gran cosecha si sólo plantara unas pocas semillas; ¿cómo, pues, podemos pensar que la cosecha financiera opera diferentemente?

Si necesitamos recibir una cosecha financiera mayor, ¿porqué plantaríamos pocas (o ningunas) semillas? Esto no tiene sentido. Cuando tenemos problemas financieros, ¡podemos dar para salir del problema!

Una mente que no ha sido renovada no puede entender esta verdad. Si rehusamos dar con liberalidad, estamos caminando en dirección opuesta a Dios, no estamos jalando con El, sino en contra de El. Si queremos que Dios nos multiplique en retorno, debemos entregarle las semillas para que las multiplique. Si necesitamos recibir una gran cosecha, tendremos que plantar un gran número de semillas financieras.

Cuando entendí esta gran verdad por primera vez, estaba viviendo en pobreza y escasez. Sin embargo, comencé a sembrar semillas financieras, con generosidad. Cada día que pasaba le instruía a mi esposa, Sue, para que enviara contribuciones a la iglesia que asistíamos y a otros ministerios. Cuanto más difícil se hacía nuestra situación financiera, más eran los cheques que enviábamos.

Los resultados fueron asombrosos. Reiteradamente, en los últimos años cuando teníamos un problema financiero aumentábamos nuestras ofrendas y siempre, sin fallo, recibíamos el dinero que necesitábamos. A veces teníamos que ser muy pacientes, pero siempre llegaba. ¡Nunca podremos dar más de lo que Dios nos da! Sin embargo, necesitamos darle un canal por el cual El pueda darnos en retorno. Este canal son las semillas que plantamos cuando damos.

No Se Coma sus Semillas

Tampoco debemos "comernos" toda la cosecha. Ningún agricultor haría esto, ni tampoco deberíamos hacerlo nosotros. No deberíamos gastar todos nuestros ingresos, sino consistentemente "replantar" de lo que recibimos. En la forma que Dios no da una cosecha, deberíamos volver a cultivarla vez tras vez. Si resistimos la tentación de "comernos" lo que nos sobra y continuamos sembrando las semillas, estaremos de camino a la prosperidad.

Cuando el Señor comienza a multiplicar de regreso, deberíamos apartar lo que necesitamos y sembrar abundantemente lo que nos resta, resistiendo a la codicia. Cualquier creyente que haga esto con alegría aprenderá que siempre estará provisto con abundancia sobrada para continuar dando para toda buena obra. (2 Corintios 9:8)

Los creyentes que dan lo que pueden para ayudar a los que están en necesidad, aprenderán que la gracia de Dios provee con toda suficiencia para sus necesidades, y aún más, para que abunden en toda buena obra. Yo creo que Dios quiere que Sus hijos prosperen financieramente por dos motivos:

1. Creo que nuestra economía cambiará radicalmente en los próximos años. Los principios financieros del mundo que resultaron por muchos años, no resultarán mas. Es imperativo que los hijos de Dios aprendan a aplicar las leyes Divinas para el éxito y la prosperidad financiera durante los difíciles años económicos que se aproximan.

2. Creo que debemos aprender a aplicar las leyes de Dios para la prosperidad, a fin de cumplir con la Gran Comisión que nos fue dada por nuestro Señor Jesucristo: **Id por todo el mundo y predicad el evangelio a toda criatura.** (Marcos 16:15)

Y será predicado este evangelio del reino en todo el mundo, para testimonio a todas las naciones; y entonces vendrá el fin. (Mateo 24:14)

Cristo le habló a Sus discípulos como si todo lo que predijo podía cumplirse en el tiempo de su generación. Por lo tanto la esperanza de la Iglesia del Nuevo Testamento era el regreso de Jesús. La esperanza de todos los que creen a través de los siglos debería ser que el fin de los tiempo ocurrirá en su generación.

Debemos vivir velando entre el inminente regreso de Cristo, y cumplir Su mandato de extender el evangelio. Esta comisión es para toda la iglesia, y aunque no seamos llamados a ser misioneros, nuestra responsabilidad es proveer el sostén económico para aquellos que han sido llamados. Hay más de dos billones de personas que jamás oyeron el evangelio de Jesucristo.

Como cristianos, todos compartimos la responsabilidad de ver que estas personas tengan la oportunidad para recibir la salvación eterna y el crecimiento cristiano que hemos tenido. Se necesitarán cientos de billones de dólares para financiar este gran avivamiento del Espíritu Santo, que ya se está esparciendo por todo el mundo. Se necesitarán cientos de miles de misioneros.

El avivamiento mundial será solventado por los millones de cristianos que están dispuestos a pagar el precio de aprender, y aplicar las leyes de Dios para la prosperidad.

Las leyes de Dios para la siembra y la cosecha claramente indican que El quiere que cosechemos más de lo que sembramos. Tal como lo he señalado, podemos ver esto cuando miramos el interior de los melones de agua, las naranjas, las manzanas, o los pomelos.

Obviamente, Dios nos da muchas más semillas de las que necesitamos, porque nuestro Padre no conoce límites. Si hay límites impuestos, están allí porque nosotros los hemos puesto, no Dios. El quiere que extendamos nuestra fe más y más. Cada vez que liberamos nuestra fe y la extendemos, El continuará dándonos el incremento del dinero que volvemos a sembrar en Su Reino.

A medida que nuestro Padre nos va acrecentando, tenemos que continuar plantando en Su Reino. El nos añade y nosotros lo plantamos; nos da más, y volvemos a plantar del incremento, y así va. Dios no quiere que nos detengamos. Estoy convencido que en estos últimos días anteriores al regreso de Jesús, el Padre anhela que un gran número de Sus hijos, en toda la tierra, entiendan íntegramente como utilizar Sus leyes para la siembra y la cosecha.

Si entendemos y aplicamos estas leyes, el Señor nos utilizará como un canal. No sólo nos suplirá nuestra necesidad, a pesar de lo que esté ocurriendo en el mundo, sino que hará que las grandes riquezas fluyan a través de nuestras manos, porque sabe que las volveremos a invertir en Su Reino.

¿Es usted una de las personas sobre quien nuestro Padre quiere sembrar y cosechar repetidamente, dándole más y más, siempre cosechando, y que vuelve a sembrar del incremento en Su Reino? Es asombroso abarcar todo lo que puede ser hecho a través de un creyente que claramente entiende y aplica las leyes de Dios para la siembra y la cosecha.

13

El Diezmo:
La Llave al Banco Celestial

Traed todos los diezmos al alfolí y haya alimento en mi casa; y probadme ahora en esto, dice Jehová de los ejércitos, si no os abriré las ventanas de los cielos, y derramaré sobre vosotros bendición hasta que sobreabunde.

Malaquías 3:10

La gran ley de Dios de la siembra y la cosecha puede ser puesta en acción cuando diezmamos. La palabra diezmo significa "una décima parte", así que diezmar a Dios es dar un mínimo del 10% de nuestros ingresos. Hoy, nos referiremos al diezmo en relación a nuestros ingresos, pero en los tiempos bíblicos el diezmo significaba dar las primicias de la cosecha, de las verduras, el ganado, y de todo lo recibido como ingreso.

¿Porqué deben los cristianos diezmar hoy? La Palabra de Dios nos da la exacta razón porque debemos diezmar; para recordarnos que Dios debe tomar el primer lugar en toda nuestra vida y que debemos hacer nuestra parte en el ministerio de expandir el Reino de Dios.

Un antiguo refrán pero muy cierto que dice así: Si Dios no tiene autoridad en tus bolsillos, en realidad, tampoco tiene autoridad sobre ti.

Como hemos visto, las leyes de Dios para el éxito y la prosperidad ponen a Dios en primer lugar, mientras que el sistema de prosperidad del mundo le da el primer lugar al dinero. El diezmo es una de las pruebas de Dios que claramente demuestra si en realidad lo tenemos en primer lugar.

Aquí hay cuatro versículos básicos sobre el tema del diezmo.

¿Robará el hombre a Dios? Pues vosotros me habéis robado. Y dijisteis: ¿En qué te hemos robado? En vuestros diezmos y ofrendas. Malditos sois con maldición, porque vosotros, la nación toda, me habéis robado. Traed todos los diezmos al alfolí y haya alimento en mi casa; y probadme ahora en esto, dice Jehová de los ejércitos, si no os abriré las ventanas de los cielos, y derramaré sobre vosotros bendición hasta que sobreabunde. Reprenderé también por vosotros al devorador y no os destruirá el fruto de la tierra, ni vuestra vid en el campo será estéril, dice Jehová de los ejércitos.

Malaquías 3:8-11

Estos cuatro versículos de la Escritura han causado gran controversia entre los cristianos. Si en verdad estos versículos se aplican a los cristianos, aquellos que no diezman al menos el diez por ciento de sus ingresos son ladrones, tal como Dios llamó a los judíos. No obstante, algunos creyentes, dicen que el diezmo corresponde a la ley de los judíos y que los cristianos no están bajo la ley. ¿Cuál es la verdad?

¿Se nos requiere diezmar, o no? Es mi opinión personal creo que es imposible para un cristiano prosperar, bajo el sistema de Dios, sin diezmar. Sin embargo, no deberíamos diezmar en una forma legalista (por exigencia), sino más bien porque sabemos que diezmar forma parte de los principios de Dios para sembrar y cosechar.

Abraham instituyó el diezmo aproximadamente 400 años antes que la ley Judía (la Mosaica) entrara en efecto. Génesis 14:19-20 nos dice que Abraham era un diezmador y que estaba bendecido por Dios. Abraham no diezmaba por exigencia porque en su tiempo no existía la ley Mosaica. El diezmaba porque amaba al Señor porque sabía que el 10 por ciento de sus ingresos pertenecían al Señor.

Yo creo que nosotros debemos diezmar porque, a través de Jesucristo, somos herederos de Abraham. (Gálatas 3:29) Jesús le dijo a los Fariseos que en verdad ellos no eran "hijos de Abraham" (aunque según la carne eran del linaje de la tribu de Judá) a menos que anduvieran en los caminos de Abraham. Yo creo que esta verdad es para el creyente de hoy; el verdadero linaje de Abraham, nacido del Espíritu, andará según su ejemplo y sus caminos.

...Jesús les dijo: Si fueseis hijos de Abraham, las obras de Abraham haríais.

Juan 8:39

Yo creo que diezmar es un principio tanto del Nuevo Testamento como del Antiguo Testamento. En Mateo 23:23 Jesús reprendió a los Fariseos porque diezmaban de manera legalista y no por amor hacia Dios. Jesús luego les dijo que debían diezmar, pero sin dejar de hacer las otras cosas.

¡Ay de vosotros, escribas y fariseos, hipócritas! Porque diezmáis la menta y el eneldo y el comino, y dejáis lo más importante de la ley: la misericordia y la fe. Esto era necesario hacer, *sin dejar de hacer aquello.*

Mateo 23:23

El Diezmo Nunca "Se Eliminó"

Aparentemente, Jesús consintió el hecho que diezmar era parte de la responsabilidad del pueblo de Dios. Ahora bien, ¿cómo podemos honestamente decir que Dios ocupa el primer lugar en todas las áreas de nuestra vida, cuando fallamos en darle el mínimo de un 10 por ciento de nuestro dinero? En primer lugar, deberíamos diezmar y luego pagar nuestras obligaciones con lo que sobra.

Son muchos los que hacen lo opuesto, y luego se preguntan porque no prosperan. ¡No prosperan porque fallan en seguir las leyes de Dios para el éxito y la prosperidad! Dios no quiere nuestras sobras, lo que nos queda después de pagar nuestras obligaciones. El quiere las primicias, la primer porción de nuestros ingresos, el 10 por ciento. Cuando hacemos esto con fidelidad, Dios nos proveerá con abundancia.

Honra a Jehová con tus bienes, y con las primicias de todos tus frutos; Y serán llenos tus graneros con abundancia, y tus lagares rebosarán de mosto.
Proverbios 3:9-10

Los Israelitas traían la primera porción de sus cosechas al Señor como reconocimiento que El era el dueño de la tierra, y que ellos sólo eran mayordomos. Nosotros también deberíamos darle a Dios las primicias de nuestros ingresos para honrarlo como el Señor de nuestras vidas y de nuestras posesiones. Entonces, Dios abrirá un camino para derramar sobre nuestra vida de Sus bendiciones.

En los días de la Iglesia Primitiva, los apóstoles continuaron con la práctica del diezmo:

Cada primer día de la semana cada uno de vosotros ponga aparte algo, según haya prosperado...
1 Corintios 16:2

El Padre quiere que lo tengamos en primer lugar, y que luego confiemos en El para suplir todas nuestras necesidades y aún más. Diezmar es un acto de fe, se necesita fe para dar dinero, "de lo primero que recibimos", pero cuando damos de lo que nos sobra no se necesita tanta fe. Cuando diezmamos voluntariamente, nos ponemos en la correcta relación financiera con el Señor.

Cuando diezmamos, meditamos Su Palabra día y noche, y confesamos con nuestra boca Su Palabra, y hacemos lo que El dice, entramos en una alianza con Dios alineándonos con las leyes que El estableció para nuestra prosperidad. Dios se vuelve nuestro Socio mayoritario, y recibimos Su dirección y sabiduría para todas las áreas de nuestra economía.

Como Socio mayoritario, sólo nos pide el 10 por ciento de los ingresos, como mínimo, y nos permite quedarnos con el 90 por ciento. ¡Esta es una de las propuestas más grandes ofrecidas por Dios a Sus hijos! Con todo, ¡muchos tratamos de quedarnos con el 95 por ciento, o más!

¿Es justo que nos quedemos con la parte del dinero que corresponde a nuestro socio mayoritario? ¿Qué clase de sociedad florecería si el socio mayoritario sólo pidiera una pequeña porción de las ganancias, y el socio minoritario le retuviera también lo poco de su parte? Esto es exactamente lo que muchas veces se hace.

Dios es el genio financiero más grande de todos los tiempos, siempre lo ha sido y siempre lo será. Cuando diezmamos y además seguimos las otras leyes de la prosperidad, recibiremos Su sabiduría en nuestras finanzas y en todas las áreas de nuestra vida, porque Sus leyes de prosperidad se aplican a mucho más que tan sólo nuestras finanzas.

Cuando usted sigue las otras leyes de la prosperidad de Dios, aprenderá que el 90 por ciento restante puede hacer más de lo que el 100 por ciento hacía antes. Después de varios años de experiencia práctica, le puedo decir, que el 90 por ciento de nuestros ingresos con la bendición Dios han ido mucho más lejos que 100 por ciento sin la bendición.

Semana tras semana me envían testimonios de las bendiciones recibidas como resultado de diezmar. El efecto acumulativo de todos estos testimonios mensuales son impresionantes.

Una de las cosas que más le cuesta a la gente entregar, es su dinero. Nuestro Padre lo sabe. Esta es la razón por la cual las leyes que El estableció para la prosperidad, requieren que liberemos nuestro dinero para poder recibir la bendición financiera de El. Muchos creyentes esperan que Dios abra las ventanas del cielo y les bendiga financieramente al poner orgullosamente una propina en el canasto de la ofrenda los domingos por la mañana. No podemos esperar que Dios cumpla la parte final de Malaquías 3:10 hasta que nosotros hagamos la nuestra.

La mente carnal y sin renovar no puede entender el concepto del diezmo y piensa así: "Si con el dinero que tengo, no puedo pagar mis obligaciones presentes, ¿cómo puedo cumplir mis compromisos si tengo que descontar un 10 por ciento adicional de mis ingresos?

Parece lógico, de acuerdo a la lógica del mundo; sin embargo, hemos visto en la Escritura que los caminos de Dios son más altos que los caminos del hombre. (Isaías 55:8-9) Los pensamientos y los caminos de Dios no son como los del hombre natural. Cuando se busca a Dios, la mente puede ser renovada y el corazón transformado; y entonces nuestros pensamientos y nuestros caminos se conformarán a los de Dios. Nuestro deseo más grande debería ser vivir en tal conformidad a Jesús, que todo lo que hagamos agrade a Dios. Y podemos alcanzar esto si permanecemos en Su Palabra y respondemos a la guía del Espíritu Santo.

El Diezmo pone a Dios en Primer Lugar

Cuando diezmamos, honramos a Dios dándole el primer lugar. Su Palabra dice que en retribución, El también nos honrará, ...**porque yo honraré a los que me honran...** (1 Samuel 2:30) En Malaquías 3:10, Dios nos desafía a que lo probemos; este es el único sitio en la Biblia donde Dios nos desafía a que lo probemos.

¿Porque no probamos a Dios? ¿Porqué no diezma voluntariamente y con alegría por un tiempo razonable y compruebe usted mismo si Dios le bendice como dice Su Palabra?

La fe es un poder espiritual que abre las ventanas del cielo en todas las áreas de nuestra vida. ¿Para que fin quisiera alguien argumentar si el diezmo está o no "bajo la ley" cuando la Palabra de Dios dice que si diezmamos correctamente, El abrirá las ventanas del Cielo y derramará bendiciones hasta que sobreabunden? (Malaquías 3:10)

Si verdaderamente creemos que Dios derramará una gran bendición, ¡ciertamente no podemos quedarnos sin diezmar! ¡Deberíamos estar deseosos por diezmar! ¿Habrá algún lector que no quiera que Dios abra las ventanas de los Cielos y derrame tal bendición que no haya lugar en dónde recibirla?

En verdad el 10 por ciento es sólo el punto de comienzo, no es un máximo. Por encima del diezmo, podemos escoger dar ofrendas adicionales. Dar el diezmo garantiza que todas nuestras necesidades serán suplidas, pero la Escritura nos muestra que las ofrendas voluntarias que damos, además y por encima del diezmo, abren "las ventanas del cielo" a través de las cuales tremendas bendiciones son derramadas.

No hay forma que alguien pueda esperar recoger una abundante cosecha, sin antes sembrar abundantes semillas. Sin embargo, la ofrenda monetaria de una gran cantidad de cristianos no puede ser considerada abundante bajo ningún punto de vista. Una reciente estadística indica que el americano promedio, de los Estados Unidos, ofrenda unos tristes $250 al año para las iglesias y otras organizaciones religiosas. ¡Obviamente, muchos americanos están robando a Dios y, como resultado, a sí mismos!

Malaquías 3:8 nos dice que no sólo podemos robar a Dios con nuestros diezmos, sino también con nuestras ofrendas. ¿Cómo robamos a Dios? ¡Yo creo que robamos a Dios cuando fallamos en abrir las ventanas del cielo ampliamente, para que El pueda derramar Sus bendiciones sobre nuestras vidas!

¿Cuántos lectores de este libro han diezmado exactamente el 10 por ciento y pueden decir que Dios ha derramado tantas bendiciones que no las pueden contener? Conozco a muchos que diezman y están bendecidos, pero no al punto de tener tantas bendiciones que no hay lugar para guardarlas.

Le desafío a consultar con aquellos cristianos que, voluntariamente, han aumentado el porcentaje de sus diezmos y ofrendas del 10 por ciento, al 15 por ciento, 20 por ciento y 25 por ciento o más de sus ingresos, y pregúnteles si Dios ha derramado las bendiciones como El prometió.

Quiero darle un ejemplo personal. Yo soy un empresario con 30 agentes representando mi firma. Permítame compartir con usted como dos de ellos han aplicado los principios que le acabo de explicar. La mayoría de mis representantes son cristianos, y la mayor parte de ellos diezma un 10 por ciento de sus ingresos. Sin embargo, dos jóvenes (de aproximadamente 35 años), que no eran cristianos se adhirieron a mi firma, y desde entonces han entregado sus vidas a Jesucristo. Cuando llegó el momento, comenzaron ambos a diezmar.

Luego comenzaron a dar ofrendas por encima de sus diezmos. Llegó el momento que ambos daban en un exceso mucho mayor al 10 por ciento en diezmos y ofrendas. ¿Habrán declarado bancarrota? ¿Les habrá causado dificultades? ¡Bajo ningún concepto! ¡Por el contrario! Desde que se convirtieron al Señor han podido comprar hermosas casas, sus ingresos han aumentado en un promedio de casi un 300 por ciento en los pocos años de haber comenzado a incrementar sus diezmos y ofrendas.

Comience con el diez por ciento. Compruebe en forma personal que el 90 por ciento le rendirá más de lo que le alcanzaba con el 100 por ciento, ¡pero no se detenga allí! Dios derramará mas de Sus abundantes bendiciones si usted planta más de sus semillas. A este punto, algunos lectores pueden estar consternados porque viven a base de un ingreso o un salario fijo. Sin embargo, una forma efectiva de aumentar sus ingresos es a través de aumentar el diezmo en base a lo que usted quiere estar ganando.

No limite a Dios porque usted duda si su empleador le aumentará o no su ingreso. Nuestro Padre tiene muchas maneras de aumentar nuestros ingresos si liberamos nuestra fe y no lo obstaculizamos a través de la duda y la incredulidad. El puede escoger aumentar su ingreso a través de un aumento o una bonificación de su presente empleador, o a través de una fuente enteramente diferente.

14

El Diezmo "Marca el Comienzo"

Pero esto digo: el que siembra escasamente, también
segará escasamente; y el que siembra generosamente, generosamente también segará.

2 Corintios 9:6

Honestamente, ¿si usted siembra con abundancia, cree
que Dios le bendecirá con una abundante cosecha?
¿Entonces porque se va a inquietar cuando sus ofrendas
excedan el 10 por ciento? ¿Qué cristiano, con una mente
renovada, se estancaría a ese nivel sabiendo que cuanto
más da, mayores bendiciones recibirá de Dios? Diezmar
sólo "marca el comienzo". Las verdaderas bendiciones de
Dios se derraman en proporción a las ofrendas que damos
con alegría, por encima de nuestros diezmos.

No gaste el dinero sobrante; no se "coma sus semillas"; no acumule ni amontone sus semillas. Siga culti-
vándolas hasta que el 80 por ciento de sus ingresos le pro-
vean un buen pasar. Las personas que acrecientan sus
ofrendas se sorprenderán lo fácil que esto se hace. Para
mí, fue mucho más fácil dar el 15 por ciento que dar el 10,
y dar el 20 por ciento fue aún más fácil que dar el 15.

He aumentado mis diezmos y ofrendas al punto que
anualmente pago más impuesto a las ganancias, que lo que
ganaba en todo un año cuando comencé a diezmar, y veo
esto como un comienzo. Mi siguiente meta es dar a Dios
del 85 al 90 por ciento de mis ingresos. Un constante
aumento anual en mis diezmos y ofrendas resultará en un
ingreso que me permitirá cubrir todas mis necesidades
con un 5 al 10 por ciento del total.

Las bendiciones de Dios no se detienen aquí, sino van

un paso más adelante. Después que Dios habló las bendiciones que derramaría, dijo: **Y reprenderé por vosotros al devorador,** (Malaquías 3:11) Satanás, es el devorador. Ahora bien, si damos liberalmente nuestros diezmos y ofrendas, Dios dice reprenderá al devorador para que **no destruya el fruto de nuestra tierra.**

Dios estaba hablando a los agricultores, pero este mismo principio se aplica en cualquier ocupación o profesión. Cualquiera sea nuestra línea de trabajo, Dios promete reprender a Satanás para que no pueda destruir las bendiciones que Dios nos da como resultado de nuestros diezmos y ofrendas. Cualquiera sea el método que utilice Satanás para intentar robar estas bendiciones, será reprendido por Dios.

Malaquías 3:11 es el único pasaje en la Biblia donde Dios dijo que reprendería al diablo por nuestra causa. Jesús nos dio la autoridad para hacerlo nosotros mismos (Lucas 10:19), pero cuando se trata de nuestros diezmos y ofrendas, Dios mismo se asegura que Satanás no pueda robarnos las bendiciones. ¡Imagínese como se debe sentir Satanás cuando Dios mismo se interpone en su camino!

¿Cómo podemos dejar de dar con liberalidad, entendiendo lo que dice Malaquías 3:10-11 que Dios hará por nosotros? Los empresarios cristianos que dan con liberalidad sus diezmos y sus ofrendas. verán que irán a prosperar sin importar lo que ocurra con el sistema económico del mundo.

El principio del diezmo y la ofrenda no sólo se aplica a las personas, sino también a grupos colectivos de personas, como en una iglesia. Si usted conoce una iglesia vibrante de gran crecimiento, vaya y aprenda porqué. Yo le puedo garantizar que la mayoría de sus miembros dan liberalmente sus diezmos y ofrendas.

El crecimiento y el diezmo van de la mano, individualmente y colectivamente. Dios pone en cada iglesia, suficientes personas para actuar como "semillas"; luego estas personas deben hacer su parte aprendiendo las leyes de Dios y aplicándolas en su vida. Si lo hacen correctamente, prosperarán y crecerán como individuos y sus iglesias también prosperarán y crecerán como lo haremos nosotros.

Si las iglesias enseñaran las leyes de Dios para el éxito y la prosperidad, y si los miembros de las diferentes congregaciones aprendieran a aplicarlas en sus vidas, las cenas de patrocinio, la venta de usados, y otros programas similares para recaudar fondos desaparecerían. Dios derramaría tantas bendiciones financieras sobre estas iglesias, ¡que no tendrían lugar para recibirlas!

Este mismo principio se aplica a las naciones. Yo creo que Dios bendice a naciones enteras de la misma manera que bendice a individuos y a grupos de personas. Creo que Estados Unidos ha recibido una gran bendición porque sus habitantes han diezmado mucho más que cualquier nación. Además, creo que muchas de las bendiciones de los Estados Unidos han sido posibles porque, en el pasado, habían mayores deducciones impositivas para las personas que diezmaban y las ofrendaban.

Debemos enseñarles a los niños a diezmar y ofrendar de lo que reciben, y luego a confiar que Dios suplirá sus necesidades. También creo que la iglesia local debe estar al centro de toda esta enseñanza y ser el "alfolí" adonde llevamos nuestros diezmos. Malaquías 3:10 dice, **Traed todos los diezmos al alfolí.** El "alfolí" es el lugar donde recibimos el alimento espiritual.

Si la iglesia local cumple su función debidamente, es el lugar donde sus miembros reciben el alimento espiritual cada semana, los domingo a la mañana, en las clases de estudio bíblico, en los grupos celulares y muchas veces, en las escuelas cristianas. Nuestra obligación es dar primeramente al pastor local.

El que es enseñado en la palabra, haga partícipe de toda cosa buena al que lo instruye.

Gálatas 6:6

Todos los que son enseñados en la Palabra de Dios tienen el deber de ayudar al sustento económico de su instructor. Aquellos dignos del sustento económico son los pastores, maestros, evangelistas, y misioneros. Negarse a participar en el sustento, cuando podemos hacerlo, es sembrar egoísmo y cosechar destrucción. Dar a los que ministran la Palabra es nuestra parte de hacer bien a los de la familia de la fe. Al tiempo apropiado cosecharemos nuestro galardón aquí, y en la vida eterna.

Las Ofrendas Deben Ir Adonde El Señor Dirige

Los diezmos deben ir a la iglesia local, pero las ofrendas deben ir adonde el Señor dirija. Además, la iglesia también debería dar los diezmos y ofrendas sobre todo lo que recibe: a los necesitados dentro de la iglesia, los misioneros, y a otros ministros a quienes el pastor, los ancianos, y los diáconos sientan dar. En nuestra iglesia hemos seguido este práctica y como resultado el Señor nos bendijo abundantemente.

Frecuentemente, me preguntan si las personas metidas en mucha deuda deberían diezmar, ¡mi respuesta es un rotundo sí! La lógica del mundo dice que el deudor no puede afrontar el diezmo, no obstante, la verdad espiritual dice que la principal vía de escape para liberarse del yugo de la deuda, es primero pagarle a Dios y luego confiar en Su provisión.

Eso fue lo que hice cuando estuve profundamente

endeudado que "para tocar fondo, tenía que extenderme hacia arriba". Esto, y meditar día y noche, en las leyes de Dios para la prosperidad, confesando las promesas, y accionando en ellas, me liberó de la deuda. Estos mismos principios sacarán a cualquiera de la deuda, si son seguidos al pie de la letra manteniéndose firme hasta que Dios traiga la cosecha.

¡Dios no nos mete en una prisión financiera, sino que nosotros solos nos metemos allí! Ahora bien, Dios puede y nos sacará de ese lugar si seguimos Sus leyes de prosperidad correctamente. Muchas personas se han acercado a mi para recibir asesoría financiera, y he visto estos principios obrar en sus vidas. Las personas verdaderamente endeudadas están en desesperación, porque piensan constantemente en sus deudas. Las deudas literalmente los consumen. Yo se como se siente, porque también estuve así.

Paso a paso les muestro las leyes de Dios para la prosperidad tratando de quitar sus ojos del problema y enfocarlos en la solución. De contínuo mucha gente me dice lo que debe, la fecha que vence su pago, y lo que les ocurrirá si no pagan. Siempre les respondo con las promesas de la Biblia y les insto a que dediquen el mismo tiempo que utilizan para analizar su esclavizante situación, para enfocarse en las soluciones de la Palabra de Dios.

Las leyes de Dios para la prosperidad dan resultado. Si las personas no están atadas por el temor que proviene de su problema financiero a tal punto que rechazan las enseñanzas de Dios, estas enseñanzas les mostrarán como salir de su prisión financiera. En el mundo, la gente estudia el diario "Wall Street Journal" y los índices del mercado de acciones para decidir como invertir su dinero. Para el sistema de los hombres esto es algo bueno, ¡pero el sistema de Dios es mejor!

Los diezmos y las ofrendas son mejores que cualquier inversión que conozca este mundo. Las leyes de Dios para el diezmo y las ofrendas son más precisas y exactas que las leyes financieras del mundo. Si pagamos el precio de seguir las leyes de Dios para la prosperidad, no habrá problema financiero sobre la tierra que pueda derrotarnos.

He aquí un "atajo" para vencer el temor de diezmar y entrar a la tierra de la abundancia. Repita estas afirmaciones, una por día, hasta que crea las escrituras que las apoyan.

Lunes: Porque Dios no me ha dado un espíritu de cobardía, sino de poder, de amor y de dominio propio. (2 Timoteo 1:7)

Martes: Yo honro a Jehová con mis bienes, y con las primicias de todos mis frutos. (Proverbios 3:9)

Miércoles: Y poderoso es Dios para hacer que abunde en mi toda gracia, a fin de que, teniendo siempre en todas las cosas todo lo suficiente, abunde para toda buena obra. (2 Corintios 9:8)

Jueves: Porque quiero y oigo, como el bien de la tierra. (Isaías 1:19)

Viernes: Yo doy y me es dada; medida buena, apretada, remecida y rebozando en mi regazo; porque con la misma medida con que mido, me vuelven a medir. (Lucas 6:38)

Sábado: Por cuanto siembro generosamente, también cosecho generosamente. El deseo de mi corazón es dar con alegría, porque Dios ama al dador alegre. (2 Corintios 9:6)

15

¿Puede Usted Ser Más Generoso Que Dios?

Honra a Jehová con tus bienes, y con las primicias de todos tus frutos; y serán llenos tus graneros con abundancia, y tus lagares rebosarán de mosto.
Proverbios 3:9-10

Sembrar y cosechar, diezmar y ofrendar se relacionan en varios sentidos, pero para cada área hay una gran riqueza de Escritura que no se cubre en las otras áreas. Por ejemplo, la Palabra de Dios enseña que en todo lo que damos debemos hacerlo con amor.

Y si repartiese todos mi bienes para dar de comer a los pobres, y si entregase mi cuerpo para ser quemado, y no tengo amor, de nada me sirve.
1 Corintios 13:3

Hay personas que aprenden una parte de las leyes de Dios para la prosperidad y dan en una forma calculadora, anticipando algún reembolso. ¡Esto no da resultado! Dar sin amor no tiene ningún valor. No importa lo que demos, si nuestra dádiva no está basada en el amor, de nada vale.

El amor es la llave que abre los canales para que nuestro Padre amante nos retribuya cuando damos. Nuestro Padre nos ha dado leyes bien definidas en razón de dar y recibir. Comencemos con el versículo fundamental de este tema y desarrollemos a partir de aquí.

Dad, y se os dará; medida buena, apretada, remecida y rebosando darán en vuestro regazo; porque con la misma medida con que medís, os volverán a medir.
Lucas 6:38

129

Dios mismo medirá nuestra dádiva y nos retribuirá. La medida de bendición y galardón que recibimos está en proporción a la medida que nos concernimos y ayudamos a los demás. Hay un tremendo significado en la profundidad de este versículo de la Escritura, porque comienza diciéndonos que si damos, también recibiremos, y esto corresponde con **todo lo que el hombre sembrare, eso también segará.** (Gálatas 6:7)

Imagínese un gran recipiente de avena; antes de utilizarla debemos apretarla o comprimirla en el recipiente para que podamos agregar una mayor cantidad de avena, luego esta avena se remece para un mejor asentado, permitiendo que podamos aún agregar más avena. Cuando este proceso queda completo, el contenedor se reboza para que esté tan completo que rebalse por los costados.

Esta es la manera en que la Palabra de Dios dice que recibiremos si damos generosamente en acuerdo con Su ley para dar. Esto también corresponde con Malaquías 3:10 donde dice que si damos nuestros diezmos y ofrendas, Dios abrirá las ventanas de los cielos y derramará tantas bendiciones que no habrá lugar donde recibirlas. Dios claramente promete retribuirnos todo lo que damos, y mucho, mucho más.

¿Cómo va Dios a retribuirle?

¿Derramará dinero como lluvias del Cielo? No, Lucas 6:38 dice que nos volverán a medir. ¿Quiénes? Los hombres.

¿Y esto que significa? Significa que nuestro Padre ha establecido que si seguimos Sus leyes para dar y recibir, recibiremos nuestra cosecha a través de personas. Cuando damos generosamente a otras personas, nuestro Padre inspirará que otros hombres y mujeres nos den también. Estas dádivas pueden ser en muchas maneras.

• Podemos recibir un beneficio especial en un intercambio comercial.

• Podemos comprar o vender una casa, un automóvil y algún tipo de bien saliendo muy favorecidos en el trato.

•Si trabajamos por nuestra cuenta, las personas pueden ser atraídas a negociar con nosotros.

• Si estamos empleados, nuestro empleador puede ser guiado a darnos una promoción, un aumento, o una bonificación. Quizá, nos ofrezcan un nuevo empleo, mucho mejor que el que tenemos.

Estas son solo algunas de las formas que nuestro Padre puede causar que otros hombres nos den.

¿Qué tenemos que hacer nosotros para que otros nos den? Como hemos visto, la Palabra de Dios nos dice que esto se logra cuando constantemente damos a los demás. (Mateo 7:12)

Nuestra Parte es Dar

Lo que deseamos cosechar, primero debemos sembrar, esta es la ley de Dios. Nosotros determinamos la cantidad que queremos recibir de los demás. ¿Cómo? Las palabras finales de Lucas 6:38 nos explican como: **porque con la misma medida con que medís, os volverán a medir.**

Por lo tanto, si damos con una cucharita, recibiremos en retribución "una medida de cucharita". Si damos por barriles, también recibiremos por barriles. Con la misma medida con que medimos, nos volverán a medir.

Los principios de Lucas 6:38 se aplican a todas las esferas de nuestra vida, incluyendo las finanzas. Para Dios es muy importante dar dinero, porque la mayor parte del dinero y los bienes que tenemos, los hemos obtenido por entregar parte de nuestra vida, nuestras habilidades, nuestra energía y nuestro tiempo. El trabajo es un vehículo que podemos utilizar para convertir nuestro tiempo en el dinero que puede luego ser invertido en la obra de Dios como El nos dirija.

> **...Trabaje, haciendo con sus manos lo que es bueno, para que tenga qué compartir con el que padece necesidad.**
>
> **Efesios 4:28**

Lea las seis palabras que dijo Jesús, y que casi todos hemos oído alguna vez: **Más bienaventurado es dar que recibir.** (Hechos 20:35) Muchos hemos oído estas palabras creído que concertamos con ellas, no obstante, en muchos casos honestamente creo que esto no es así. La mayoría de las personas ponen un mayor énfasis en recibir que en dar. Sea honesto, ¿recibe usted un mayor gozo por dar o por recibir?

Nuestro Padre nos conoce tal como somos, y creo que al mirar nuestros corazones, ve que muchos de Sus hijos colocan un mayor énfasis en recibir que en dar. No obstante, Su Palabra claramente nos enseña que no fuimos creados para idear cuanto podemos recibir, sino para idear cuanto podemos dar; y son millones los que tienen este concepto al revés.

Cuando nacemos de nuevo en el espíritu, la nueva naturaleza quiere dar, pero el viejo hombre quiere aferrarse a lo que tiene.

Jesús no hubiera dicho que es más bienaventurado dar que recibir si no fuera verdad. ¿Por qué es más bienaventurado dar que recibir? Puede pensar en cuatro razones:

Cuando damos con liberalidad y generosamente ponemos a Dios en primer lugar, antes que nuestros propios intereses egoístas. Al hacer esto, estamos obedeciendo Su Palabra, y nuestra obediencia causará que El nos bendiga.

Cuando damos con liberalidad y generosamente demostramos nuestra confianza en Dios. El nivel de nuestra dadivosidad demuestra claramente que estamos libres del temor. La libertad del temor, en sí, es una bendición.

Cuando damos con liberalidad y generosamente nos protegemos de caer en el abismo de la codicia y de la avaricia. La dadivosidad generosa proviene de un corazón humilde y amoroso. La codicia y la tacañería, "primero yo", provienen de un corazón soberbio que traba las bendiciones de Dios: **Dios resiste a los soberbios; y da gracia a los humildes.** (1 Pedro 5:5)

Y por último, somos bienaventurados porque cuanto más damos a Dios, más canales se abrirán para que El pueda hacernos llegar una abundante retribución.

Si retuviéramos nuestro dar, en realidad estaríamos reteniendo las bendiciones que nuestro Padre nos quiere dar. El recibir, que la mayoría de las personas anhelan en sus corazones, viene como resultado de la dadivosidad; otra razón por la cual Jesús dijo que es más bienaventurado dar que recibir es literal. Recibiremos por lo que damos.

Cuando entendemos estos principios, el dar verdaderamente es una bendición. ¡De hecho, llegaremos al punto que cuando poco damos, nos duele, y cuando damos mucho no nos duele para nada! Esto le parecerá extraño si aún no ha dado mucho, pero aquellos cristianos que han dado liberalmente en muchas ocasiones coincidirán completamente con lo que le estoy diciendo.

Nuestro Padre no quiere que demos por obligación,

sino más bien con un corazón que desea dar con alegría.

Cada uno dé como propuso en su corazón: no con tristeza, ni por necesidad, porque Dios ama al dador alegre.

2 Corintios 9:7

Muchas personas presentan sus ofrendas a Dios con tristeza. Dan, pero su raíz está en el temor, como si estuvieran obligados a hacerlo. Disponen su dinero con recelo y resienten lo que dan.

Dios no entregó a Su Hijo con tristeza.

Jesús no entregó Su vida en la cruz con tristeza, sino que con gran alegría pagó la deuda por todos los pecados cometidos y por cometer de todos los hombres y de todos los tiempos. Jamás podríamos comenzar a repagar lo que El hizo, aunque tuviéramos todos los trillones de dólares del mundo para dárselos.

Dar con Tristeza Asesina la Cosecha

Es interesante estudiar la traducción de la palabra griega "alegre" que encontramos en 2 Corintios 9:7. La palabra griega es "hilares", que significa "estridente y llena de diversión y risa" ¡Esta es la forma que Dios quiere que demos! En lugar de dar con tristeza, Dios quiere que nos emocionemos y nos divirtamos cuando estemos dando. Yo le pregunto, ¿La palabra "diversión", describe su actitud cuando da? O, ¿se encuentra usted reflejado en la parte del versículo que dice "por tristeza" y por necesidad?

¿Qué tan seguido ve usted a personas, en una típica reunión de iglesia, dando con risas y gran alegría cuando pasa el canasto de colección? En la iglesia que mi esposa y yo nos congregamos, a veces cuando damos nuestras ofrendas aplaudimos. Yo creo que siempre deberíamos hacer así. Si realmente hemos entendido las leyes de Dios para la prosperidad, nuestra oportunidad para dar siempre será un momento de regocijo.

Las oportunidades que tenemos para ofrendar deberían ser los mejores momentos de nuestra vida. Por supuesto, esto es completamente diferente a los pensamientos del mundo. Muchas personas piensan que los momentos más felices de sus vidas son cuando "reciben" algo. ¿Por qué no dar con alegría cuando sabemos que nuestro dinero recibirá un buen uso? Además, si una persona sabe por cierto que Dios se encargará que su dádiva sea retribuida, con creces, ¿por qué no hacerlo con alegría?

Si usted pone su dinero en una caja de ahorros, ¿lo hace con alegría o con tristeza? Cuando ponemos nuestro dinero en el Banco del Cielo, lo guardamos en el "banco" más grande que este mundo pueda conocer. Ponemos nuestro dinero en un banco con una mejor garantía que cualquier banco de esta tierra. Nuestra "caja de ahorro" en el Banco del Cielo está respaldada y asegurada por la Palabra de Dios. ¿Podemos creerle a Dios?

Cuando comprendamos enteramente Su Palabra, y la creemos con todo nuestro corazón, estaremos muy alegres de tener una oportunidad para dar.

16
Dando a la Manera de Dios

Las riquezas y la gloria proceden de ti, y tú dominas sobre todo; en tu mano está la fuerza y el poder, y en tu mano el hacer grande y el dar poder a todos.

1 Crónicas 29:12

El camino de Dios, como ya lo hemos visto, es opuesto a los pensamientos del mundo: son "sembrar para cosechar", o "dar para recibir". La Palabra de nuestro Padre nos da instrucciones específicas de como el quiere que vivamos nuestra vida. El nos bendice en la misma proporción a lo que hagamos conforme a Su Palabra. Una de las cosas que claramente nos dice es que demos a los pobres.

Cuando tenemos una necesidad económica en nuestra vida, yo creo que a veces, Dios permite ciertas circunstancias para que nos encontremos con alguien en mayor necesidad que nosotros. A pesar de nuestros problemas económicos, podemos extendernos y ayudar a esa persona si verdaderamente quisiéramos. ¿Lo hacemos? Si lo hacemos, estamos plantando semillas que permitirán a Dios resolver nuestro problema de mayor tamaño. Si no lo hacemos, dejamos de plantar las semillas que Dios necesitaba para proveernos la cosecha que supliría nuestras necesidades económicas.

Además, cuando el pobre se presenta en nuestro camino no deberíamos darle la espalda, porque si le damos de lo nuestro, seremos bendecidos y jamás tendremos necesidad.

Bienaventurado el que piensa en el pobre; en el día malo lo librará Jehová. Jehová lo guardará, y le dará vida; será bienaventurado en la tierra y no lo entregarás a la voluntad de sus enemigos.

Salmo 41:1-2

El que da al pobre no tendrá pobreza; Mas el que aparta sus ojos tendrá muchas maldiciones.
Proverbios 28:27

Cuando nos disponemos para ayudar al hambriento y los que están atribulados, esto hará resplandecer la luz de Dios sobre nuestras vidas, y al hacerlo, el Señor nos guiará continuamente y nos suplirá toda cosa buena, incluyendo buena salud.

Y si dieres tu pan al hambriento, y saciares al alma afligida, en las tinieblas nacerá tu luz, y tu oscuridad será como el mediodía. Jehová te pastoreará siempre, y en las sequías saciará tu alma, y dará vigor a tus huesos; y serás como huerto de riego, y como manantial de aguas, cuyas aguas nunca faltan.
Isaías 58:10-11

La Palabra de Dios nos dice que cuando damos al pobre, estamos prestándole a Dios, y el nos volverá a pagar. ¿A quién podemos prestar dinero que tenga mejor crédito que Dios? ¡El tiene el mejor historial del universo! Este es un préstamo con pago garantizado, y sabemos que Dios paga las mejores tasas de interés.

A Jehová presta el que da al pobre, y el bien que ha hecho, se lo volverá a pagar.
Proverbios 19:17

Dar agraciadamente de lo que tenemos para ayudar al pobre es una manera de servir al Señor. El volverá a pagar a quienes hagan esto. Por otro lado, no deberíamos darle a cualquier "pedigüeño" que se nos presente, porque muchas veces en lugar de ayudarlos, podemos arruinarlos. Dios tampoco quiere que seamos "manipulados" por aquellos que inventan una circunstancia de "padecimiento", sino que deberíamos consultar la voluntad de Dios antes de dar o prestar dinero.

El hombre de bien tiene misericordia, y presta; gobierna sus asuntos con juicio.

Salmo 112:5

Cuando damos dinero a los que son pobres y necesitados en verdad, recibiremos una doble bendición:

Primero, sabemos que estamos ayudando a personas que desesperadamente necesitan ayuda, y sabemos que este es el deseo del Señor: **Sobrellevad los unos las cargas de los otros, y cumplid así la ley de Cristo.** (Gálatas 6:2)

Segundo, no perdemos nada cuando hacemos esto, porque estamos sembrando semillas que producirán una cosecha. (Gálatas 6:7) Si en verdad comprendemos estos principios, daremos generosamente para ayudar a los pobres en el mundo.

Su Fe es un Canal para Dios

A medida que el Señor nos va retribuyendo, continuaremos dando con mayor liberalidad, y no nos costará un centavo. El Señor quiere utilizar nuestra fe como un canal a través del cual Él pueda pasar grandes sumas de dinero para realizar Su Gran Comisión en todo el mundo. Podemos ayudar al pobre en gran manera cuando le damos, pero podemos ayudarle aún más cuando le enseñamo a aplicar las leyes de Dios para la prosperidad en sus vidas.

Un antiguo refrán dice así: "Si a un hombre le das un pez, comerá una vez, pero si le enseñas a pescar, le enseñarás como valerse de comida para el resto de su vida"

Cuando fui joven, no sólo fui pobre sino que me encontraba en una situación económica desesperanzada con muchas deudas y un acuerdo de pagos que era mayor a lo que ganaba por año. Sin embargo, comencé a diezmar a mi iglesia local y empecé a estudiar y meditar en la Palabra de Dios de día y noche, aprendiendo todo lo que podía acerca de las leyes de Dios para la prosperidad.

Después de haber meditado por largas horas, aprendí de la Biblia que hay dos maneras para que el pueblo de Dios salga de la deuda: 1) negociar su salida de la deuda (Salmo 1:1-3; Josué 1:8 y 2) dar para salir de su deuda (Lucas 6:38, 2 Corintios 9:6-8 y Malaquías 3:8-11). Después de muchos meses de oscuridad, finalmente pude "ver la luz al final de túnel".

No es fácil dar cuando las deudas son grandes pero es exactamente lo que necesitamos hacer. Podemos dar (y meditar) nuestra salida de las deudas, yo sé porque lo hice. Esto puede parecer absurdo para cualquiera que no haya renovado su mente, no obstante, es un principio respaldado por la Palabra de Dios.

¿Estoy yo diciendo que si alguien está "quebrado" tiene que comenzar a dar con liberalidad para Dios? ¡Si, está en lo correcto! Muchos misioneros testifican de haber enseñado la ley de Dios en cuanto a dar a personas de países muy pobres, y de haber visto como Dios los bendijo con abundancia. Si las leyes de Dios dan resultado en países subdesarrollados del tercer mundo, también resultarán en los Estados Unidos y las demás naciones que poseen un alto estándar de vida.

Cuando comencé la consejería sobre este tema, solía decirle a las personas con dificultades económicas que Dios les perdonaría porque no tenían lo suficiente para dar. Esto fue un error. Después de haber estudiado las leyes de Dios para el éxito y la prosperidad, jamás volví a decir lo mismo.

Si les decimos a las personas que no necesitan dar, les estamos engañando y haciéndoles perder su cosecha, que sólo podrán recibir a través de plantar sus semillas. Hay muchos libros cristianos, con un buen contenido, que enseñan como salir de la deuda, administrar el presupuesto, estirar el dinero, y mucho más. He leído varios de estos libros, y algunos están llenos de buenos consejos lógicos y prácticos. Sin embargo, jamás he leído uno que haga un énfasis apropiado en la continuidad de dar y en la meditación constante de la Palabra. Esto es lo que la Palabra de Dios nos enseña; y para prosperar debemos seguir Sus instrucciones. Jesús señaló la importancia de dar cuando parece que no podemos dar.

> **Estando Jesús sentado delante del arca de la ofrenda, miraba cómo el pueblo echaba dinero en el arca; y muchos ricos echaban mucho. Y vino una viuda pobre, y echó dos blancas, o sea un cuadrante. Entonces llamando a sus discípulos, les dijo: De cierto os digo que esta viuda pobre echó más que todos los que han echado en el arca; porque todos han echado de lo que les sobra; pero ésta, de su pobreza echó todo lo que tenía, todo su sustento.**
>
> **Marcos 12:41-44**

La cantidad de dinero que damos no es tan importante como la proporción que damos en comparación con lo que podemos dar.

> **Porque si primero hay la voluntad dispuesta, será acepta según lo que uno tiene, no según lo que no tiene.**
>
> **2 Corintios 8:12**

Muchas personas dan con fidelidad por un tiempo y luego, cuando surgen los problemas financieros, recortan lo que dan. Si caemos en esta trampa, fallamos la prueba que Dios permite que llegue a nuestras vidas. Cuando llegan los problemas económicos, si realizamos cambios en lo que damos, debería ser para aumentar no para disminuir. En los tiempos difíciles, es más importante que nunca poner a Dios primero y mantenerlo primero, y si disminuimos nuestras dádivas ciertamente no ponemos a Dios en primer lugar.

Hace diez años, cuando mi mundo se desmoronaba emocionalmente y económicamente, aprendí las "torres gemelas de la fortaleza" del capítulo cuarto de Filipenses: **Mi Dios, pues, suplirá todo lo que os falta conforme a**

sus riquezas en gloria en Cristo Jesús (4:19) y **Todo lo puedo en Cristo que me fortalece.** (4:13) Estos dos versículos me levantaron del suelo muchas veces.

La Provisión de Nuestras Necesidades Depende de las Semillas que Sembramos

Por todo el mundo los cristianos reclaman la cosecha de Filipenses 4:19. No obstante, pocos son los que primero han plantado las semillas mencionadas en Filipenses 4:15-18

Cuando Pablo salió de Macedonia, dijo que sólo una iglesia había dado para su ministerio, la iglesia de Filipo (Filipenses 4:15). En el versículo 16, Pablo mencionó que cuando estuvo en Tesalónica, los Filipenses le enviaron una y otra vez para sus necesidades; en el versículo 17, Pablo le dijo a los Filipenses que sus dádivas abundaron en frutos para su "cuenta"; en el versículo 18, les dijo que Dios se había agradado del sacrificio que hicieron.

Sólo después de estas palabras dijo Pablo la famosa promesa que Dios supliría todas sus necesidades conforme a Sus riquezas. La promesa de Filipenses 4:19 es la cosecha producida por las semillas plantadas en Filipenses 4:15-18. Dios le prometió a los creyentes de Filipo que El supliría todas sus necesidades por la misma razón que suplirá las nuestras; porque damos con liberalidad.

Si hemos sembrado las semillas de dar, este versículo nos dice que Dios mismo suplirá nuestras necesidades. El es nuestra Fuente, no nuestros empleos, o nuestra caja de ahorros, ni cualquier otra cosa. Si hemos dado apropiadamente, nos es dicho que nuestra necesidades serán suplidas por las riquezas de Dios.

Otra importante ley en cuanto a las finanzas y la prosperidad es la ley de Dios de dar en silencio. Jamás debemos dar para que otras personas sepan lo que hemos dado. Algunas personas buscan que se les reconozca lo que han dado, otras quieren el status de grandes dadores.

La Escritura nos advierte acerca de esto.

> **Guardaos de hacer vuestra justicia delante de los hombres, para ser vistos de ellos; de otra manera no tendréis recompensa de vuestro Padre que está en los cielos. Cuando, pues, des limosna, no hagas tocar trompeta delante de ti, como hacen los hipócritas en las sinagogas y en las calles, para ser alabados por los hombres, de cierto os digo que ya tienen su recompensa. Mas cuando tú des limosna, no sepa tu izquierda lo que hace tu derecha, para que sea tu limosna en secreto; y tu Padre que ve en lo secreto te recompensará en público.**
>
> **Mateo 6:1-4**

Si deseamos ser admirados por lo que damos, el reconocimiento de los demás será nuestra recompensa. Si damos sin hacer que toquen trompeta por delante, nuestro Padre que está en los cielos lo sabrá y nos recompensará. Además, nuestro Padre también quiere que demos con sabiduría, deberíamos ser cautelosos donde plantamos nuestras "semillas" así como el agricultor se fija antes de plantar. Cualquier clase de semilla que no sea plantada en tierra fértil, no crecerá; y si crece, no producirá una buena cosecha.

En Lucas 8:5-8 Jesús contó la parábola de un sembrador que sembró en cuatro lugares: junto al camino, entre pedregales, entre espinos y sobre buena tierra. Sólo la semilla que cayó en buena tierra hizo raíz, brotó y produjo una bella cosecha. Esto es tan verdadero en la esfera espiritual como lo es en la esfera de la agricultura.

Es muy importante que preguntemos en oración dónde debemos plantar nuestras semillas. Deberíamos siempre buscar la voluntad de Dios antes de dar. Lucas 6:38 implica que el Señor utiliza hombres para dar a otros hombres. El puede usarnos para que demos a una persona o una organización, ésta es una razón por la cual debemos buscar Su voluntad antes de dar.

Como mencioné anteriormente, creo que los diezmos pertenecen a la iglesia local, el alfolí, el lugar donde somos alimentados espiritualmente en forma regular. Sin embargo, las ofrendas pueden ir a un sin número de lugares. Muchas veces no es fácil decidir esto porque de continuo recibimos pedidos de muchos ministerios. Nuestro Padre no quiere que compliquemos nuestro dar. Sino que mantengamos el modelo bíblico para esto:**...el que reparte con liberalidad...**(Romanos 12:8) Cuando somos asediados con pedidos para programas de televisión, de radio, y organizaciones que nos contactan por medio del correo, Dios no quiere que seamos confundidos: **Pues Dios no es Dios de confusión, sino de paz...** (1 Corintios 14:33)

En otros tiempos solía sentirme frustrado con los pedidos que me llegaban, pero a través de los años lo he superado, aprendiendo a dar más y más en la medida que me dirige el Espíritu Santo; y doy menos a la avalancha de pedidos que apelan a las emociones para muchas aparentes causas cristianas. Sin embargo, impongo mis manos sobre cada pedido que recibo y oro por esa organización.

Además, creo que los creyentes deberían planificar continuar sirviendo al Señor con sus finanzas aún después de haber partido al Cielo, como también hacer las provisiones necesarias para nuestras familias después de nuestra partida. Yo he hecho esto con un seguro de vida, y además he dispuesto mi seguro de vida para que parte de el sea utilizado después que muera para continuar dando dinero que definitivamente daría si estuviera vivo.

Debemos dejar "nuestro" dinero de tal forma para que después de nuestras partida no sea motivo de contienda y termine no siendo usado para los propósitos del Señor. Como resultado de una pobre planificación muchos cristianos han permitido que "su" dinero sea usado para propósitos que ellos no hubieran estado de acuerdo en vida. No debemos permitir que esto ocurra.

17

Como Recibir de Dios

Sirviendo de buena voluntad, como al Señor y no a los hombres, sabiendo que el bien que cada uno hiciere, ése recibirá del Señor, sea siervo o sea libre.
Efesios 6:8 y 9

Hemos estudiado en detalle las leyes de Dios para dar; ahora estudiaremos las leyes de Dios para recibir. Muchos cristianos han aprendido como dar, pero no saben como recibir. Recibir no es algo "automático", después que damos, Dios no hace llover automáticamente las bendiciones del cielo.

Si queremos recibir de Dios primero necesitamos aprender Sus leyes para recibir, meditarlas, y aplicarlas en nuestra vida. Repasemos algunas de las promesas en cuanto a recibir que hemos tratado en los capítulos anteriores.

Lucas 6:38 nos dice que podemos recibir en **medida buena, apretada, remecida y rebosando**; 2 Corintios 9:6 nos dice que podemos cosechar **generosamente**; y Malaquías 3:10 nos dice que Dios abrirá las ventanas del cielo y derramará tal bendición, **hasta que sobreabunde.**

Muchos cristianos reciben unas "pocas gotas" de la bendición que Dios promete, en lugar recibir la sobreabundancia prometida en Su Palabra. ¿Porqué? Yo creo que esto ocurre porque muchos cristianos han aprendido como aplicar las leyes de Dios para dar, pero no saben aplicar las leyes para recibir.

¿Planta usted mucho y no recibe una cosecha abundante? Si este es su caso, Dios nos dice que hacer.

Pues, así ha dicho Jehová de los ejércitos: Meditad bien sobre vuestros caminos. Sembráis mucho, y recogéis poco; coméis, y no os saciáis; bebéis, y no quedáis satisfechos; os vestís, y no os calentáis; y el que trabaja a jornal recibe su jornal en saco roto. Así ha dicho Jehová de los ejércitos: Meditad sobre vuestros caminos.

Hageo 1:5-7

La Palabra de Dios expresa que ha habido personas que "han sembrado mucho y recogido poco". Obviamente, una cosecha abundante no es automática. No recibimos abundantemente, sólo por haber sembrado generosamente.

Si estamos sembrando abundantemente y no estamos recibiendo abundantemente, ¿qué dice la Palabra de Dios que hagamos? Nuestro Padre dos veces repite que "meditemos bien sobre nuestros caminos" Si sembramos mucho y cosechamos poco, tenemos que meditar en las cosas que estamos haciendo. Veamos lo que deberíamos hacer después de sembrar nuestras semillas.

Después de haber sembrado sus semillas, ¿qué hace el agricultor? ¿Siembra sus semillas y luego se olvida de ellas? Si lo hace, no va a recibir una buena cosecha. El agricultor exitoso hace mucho más que eso; después que las semillas fueron sembradas, cultivará el sembrado, lo fertiliza y lo riega con agua quitando los espinos.

La cosecha de las semillas puede variar en gran manera; todo depende de la calidad de la tierra y si es cultivada efectivamente. Estos mismos principios se aplican a la esfera de las finanzas. Después de plantar nuestras semillas, debemos cultivarlas.

Debemos continuar estudiando y meditando incesantemente la Palabra de Dios, y expresar nuestra fe en la abundante cosecha que vendrá por medio de nuestras palabras y nuestras acciones. No debemos bloquear a Dios con falta de fe o la falta de paciencia; no importa cuán difícil se vea la situación. La falta de paciencia es el mayor bloqueo que podamos imaginar en la vida de muchos creyentes.

El agricultor ni soñaría de plantar semillas esperando recibir una cosecha inmediata, no podemos apresurar el proceso. Las leyes de Dios para la siembra y la cosecha toman su tiempo; y Dios dice que para todo hay un tiempo: **Todo tiene su tiempo, y todo lo que se quiere debajo del cielo tiene su hora.** (Eclesiastés 3:1)

Lleva un determinado tiempo para cultivar tomates
Lleva un determinado tiempo para cultivar maíz.
Lleva aproximadamente nueve meses para que nazca un bebé.

La palabra de Dios dice: **Echa tu pan sobre las aguas; porque después de muchos días lo hallarás.** (Eclesiastés 11:1) La palabra pan significa aquello que nos es sustancia, como el dinero, el tiempo, las habilidades, y otras cosas. El agua se refiere a las personas con necesidades.

La primera parte de este versículo nos dice: "Den dinero, tiempo y habilidades a las personas que lo necesiten"; y la segunda parte nos dice que, a Su tiempo, Dios se encargará que recibamos lo nuestro; no en nuestro tiempo.

La Cosecha Necesita Tiempo para Madurar

Recibiremos nuestra cosecha "después de muchos días". Muchos de nosotros estamos esperando la siega cuando aún nuestras semillas no han tenido tiempo para hacer raíz, crecer y producir la cosecha. Nuestro Padre nos dijo en 3 Juan 2 que El quiere que prosperemos "así como prospera nuestra alma". La llave para la prosperidad de Dios está en nuestra alma, Jesús nos dijo: **Con vuestra paciencia ganaréis vuestras almas.** (Lucas 21:19) Si vamos a prosperar bajo las leyes de la prosperidad de Dios, debemos ser pacientes. Dios no miente, todas Sus promesas son reales y cosecharemos, si somos pacientes. No podemos apurar a Dios.

Nuestra naturaleza carnal, el viejo hombre viciado de los pensamientos del mundo, ¡quiere respuestas inmediatas! Debemos contrariar esta tendencia desarrollándonos en lo espiritual a fin de tener la fortaleza y la paciencia que necesitamos para recibir nuestra cosecha.

> **No nos cansemos, pues, de hacer bien; porque a su tiempo segaremos, si no desmayamos.**
> **Gálatas 6:9**

La Palabra de Dios dice que segaremos "si"; en otras palabras, segar o cosechar dependerá de nuestra paciencia, si desmayamos o no por estar cansados de esperar. Si lo hacemos, estamos anulando la promesa de Dios para nuestra cosecha. La fe y la paciencia van de mano en mano. El libro de Hebreos tiene mucho para decir acerca de la fe, y al menos en tres ocasiones dice que la fe esta ligada a la paciencia.

A fin de que no os hagáis perezosos, sino imitadores de aquellos que por la fe y la paciencia heredan las promesas. (Hebreos 6:12) **Y habiendo esperado con paciencia, alcanzó la promesa.** (Hebreos 6:15) **Porque os es necesaria la paciencia, para que habiendo hecho la voluntad de Dios, obtengáis la promesa.** (Hebreos 10:36)

No recibiremos abundantes cosechas si somos "perezosos", remolones y no estamos dispuestos a pagar el precio. Si esperamos recibir algo de Dios, debemos demostrar fe y paciencia. Asimismo, si deseamos desarrollar la fe que nos llevará a recibir Sus bendiciones, debemos ocuparnos en estudiar y meditar la Palabra de Dios.

Debemos asegurarnos de no perder nuestra confianza en Dios por causa de la falta de paciencia; desarrollamos esta paciencia confiando en el Espíritu Santo dentro nuestro. Si confiamos de verdad, la paciencia es sólo uno de los frutos que recibiremos.

> **Mas el fruto del Espíritu es amor, gozo, paz, paciencia, benignidad, bondad, fe, mansedumbre, templanza; contra tales cosas no hay ley.**
>
> **Gálatas 5:22-23**

Nuestro Padre quiere que seamos de un solo pensamiento, y que nuestra fe sea firme. Si no recibimos una pronta respuesta, no debemos comenzar a preguntarnos y a dudar. Cuando titubeamos estamos indicando incredulidad y demuestra que en verdad no estamos esperando recibir de Dios.

> **Pero pida con fe, no dudando nada; porque el que duda es semejante a la onda del mar, que es arrastrada por el viento y echada de una parte a otra. No piense, pues, quien tal haga, que recibirá cosa alguna del Señor. El hombre de doble ánimo es inconstante en todos sus caminos.**
>
> **Santiango 1:6-8**

He estudiado las leyes de la prosperidad de Dios por muchos años, y las conozco bien. Sin embargo, aún experimento momentos de dificultad económica; cuando esto ocurre, no titubeo en lo más mínimo. En cambio, aprendí a pasar más tiempo meditando y poniendo mi fe por obra aumentado mis dádivas. Cuando todo se ve difícil, aprendí a abrir mi boca y a confesar que Dios proveerá abundantemente tal como El prometió.

Mantengámonos firme, sin fluctuar, la profesión de nuestra esperanza, porque fiel es el que prometió.
Hebreos 10:23

Si no recibimos una respuesta, necesitamos confesar las promesas de Josué 1:8, Salmo 1:1-3, Malaquías 3:10-11, Lucas 6:38, 2 Corintios 9:6-8, y muchas otras más. También necesitamos alabar a Dios y agradecerle por suplirnos abundantemente, "aferrándonos a nuestra confesión". Muchos cristianos titubean y comienzan a confesar sus dudas en voz alta. Esta confesión negativa cancela los resultados que hubieran florecido, si hubiesen continuado cultivando sus sembrados con fe y paciencia. No debemos dudar la Palabra de Dios porque nuestras palabras y nuestras acciones, deben constantemente reflejar nuestra fe en Dios.

Debemos continuamente reclamar la retribución de nuestros diezmos y ofrendas diciendo: "He dado con liberalidad y, por haber dado con liberalidad, mi Padre me retribuye. Padre, Tú lo dicen en Tu Palabra y te agradezco a Ti por esta retribución en el Nombre de Jesús, Amen."

Los Espinos Pueden Ahogar su Cosecha

El agricultor tiene que limpiar los espinos de su huerto. Nosotros podemos quitar los espinos de la esfera espiritual, a través de la confesión de las promesas de Dios en medio de las circunstancias que intentan ahogar nuestra cosecha. Si verdaderamente creemos que vamos a recibir de Dios, deberíamos hablar y actuar de la misma manera que hablaríamos y actuaríamos si tuviéramos un Certificado de Deposito (CD o un Plazo Fijo a Interés) que estará listo, en su tiempo, para cobrar y suplir todas nuestras necesidades.

La Palabra de Dios es mucho más firme que cualquier promesa de pago que nos haga el mundo. Vemos esto claramente en el ejemplo que nos marcó Jesucristo. El Señor sabía que el pan y el pez estaría allí cuando tuvo que alimentar a la multitud. El sabía que la moneda estaría dentro de la boca del pez cuando necesitara pagar el tributo. El sabía que la red se llenaría de peces cuando le dijo a los pescadores que echen la red después de una infructífera noche de pesca. Esta mismo seguridad de la provisión de Dios está a nuestra disposición hoy.

Todos tenemos las promesas del Antiguo Testamento que tenía Jesús, y además, todas las promesas del Nuevo Testamento. El mismo Espíritu Santo que vivió dentro de Jesucristo hace 2000 años, vive en nuestro interior hoy. El está dispuesto y listo para proveernos hoy, como lo estuvo entonces. La única variante es la fe y la paciencia de Jesús comparada con la fe y la paciencia que usted y yo exhibimos hoy.

Mientras aguardamos la llegada de nuestra "cosecha", debemos cultivarla creyendo y confesando las promesas de Dios. Tenemos que regar de continuo nuestras semillas, con una fe y una paciencia inconmovible, rehusando permitir que los espinos de la duda y el desánimo ahoguen nuestra cosecha.

Nuestro Padre no quiere que lo limitemos en ninguna forma, porque El no tiene límites. Los límites son los que imponemos nosotros cuando no creemos a Sus promesas:...**al que cree todo le es posible.** (Marcos 9:23) Impidiendo Su obrar a través de nuestra falta de fe.

El Padre nos ha dado el libre albedrío y no va a obligarnos a hacer Su voluntad, sino que obrará de acuerdo a nuestra fe. Si nuestras dudosas palabras y acciones demuestran que no creemos que vamos a recibir, la falta de fe impedirá que Dios nos de la abundancia que desea darnos. Constantemente deberíamos estar a la expectativa para recibir. Una fe constante permite que Dios nos de con mucha abundancia.

Muchas personas no reciben de Dios porque creen que está mal creer que van a recibir algo de lo que dieron. ¿Dónde dice esto en la Palabra de Dios? Casi todas las instrucciones de Dios referentes a dar están combinadas con una promesa de recibir. Si Dios pone el énfasis en recibir, ¿por qué deberíamos sentir que está mal tener la expectativa de recibir algo?

Todo cristiano debería liberar su fe para una gran retribución, no para "emplumar su nido", sino para financiar el avivamiento mundial cristiano. Todo creyente debería anhelar recibir, no sólo para sus necesidades, sino también para ser un canal de Dios para suplir las necesidades de los demás. Aún cuando prosperamos, debemos estar dispuestos a ser un canal para que Dios bendiga a otros a través nuestro.

¡No hay nada de malo en "dar para recibir" si el propósito de "recibir" es para esparcir el evangelio por toda la tierra! En lugar de permanecer equivocados, es nuestra obligación aprender como "dar para recibir" y actuar en fe de acuerdo a lo que hemos aprendido. Está mal dar egoístamente, pero dar creyendo no es malo.

El dinero que se da de continuo es como un arroyo burbujeante; siempre reciente y renovado, fresco y refrescante. Dar de continuo con un respaldo sólido de fe y paciencia, activará las leyes de Dios para recibir y nos pondrá en Su perfecta voluntad para nuestras finanzas.

18

Las Leyes Bancarias y de Inversión Celestial

Para que estéis enriquecidos en todo para toda liberalidad…

2 Corintios 9:11

En los capítulos anteriores, hemos tratado sobre la base del diezmo y las dádivas:

• Hemos hablado del porque Dios quiere que prosperemos por medio de seguir Sus leyes de renovación, estudio y meditación, fe, confesión y obediencia.

• Hemos examinado las leyes de Dios para sembrar y cosechar, diezmar y ofrendar, y Sus leyes para recibir.

Ahora estamos listos para combinar todo lo visto a las leyes bancarias y de inversión establecidas por Dios. Vamos a hablar acerca de un banco que la mayoría de los expertos sobre esta tierra jamás han oído "El Banco del Cielo". Vamos a hablar acerca de inversiones jamás nombradas en la "Bolsa de Acciones de Nueva York".

Las leyes bancarias y de inversión establecidas por Dios son muy diferentes las leyes bancarias y de inversión que tiene el mundo. La diferencia principal, es que el planeamiento bancario y de inversiones que nos ofrece el sistema del mundo, sólo nos beneficia durante nuestro tiempo de vida en la tierra. Las leyes bancarias y de inversión que trataremos en este capítulo también nos beneficiaran en esta vida, pero más importante aún, estas transacciones nos beneficiarán por toda la eternidad.

El dinero que gastamos en nosotros sobre la tierra perece cuando lo gastamos. No obstante, todo el dinero que damos para Dios se deposita en nuestra cuenta bancaria en el Banco del Cielo. Nuestras cuentas allá pueden ser utilizadas aquí, en la tierra, y también estarán a nuestra disposición en la eternidad.

Podemos abrir cuentas en el Banco del Cielo cuando tenemos un buen historial basado en la referencia de Jesucristo. Recibimos este buen historial cuando aceptamos a Jesús como nuestro Señor y Salvador. Esto nos permite obtener una "chequera" del Banco del Cielo, y podemos realizar depósitos y extracciones de acuerdo a las leyes bancarias de Dios.

El Banco del Cielo tiene reglas específicas así como los bancos de la tierra operan y rigen sus operaciones a través de ellas. No podemos conducir transacciones en un banco de la tierra a menos que sigamos sus reglas. El Banco del Cielo en este aspecto no es diferente. Para depositar o extraer dinero de este Banco, debemos seguir las leyes bancarias establecidas por Dios.

Podemos "depositar" cuando damos dinero para Dios, estos depósitos, quedan en un banco donde nuestros fondos no puede ser hurtados, no pueden ser afectados por la situación económica del mundo, y que paga tasas de interés mas allá de toda imaginación humana.

Entendiendo las leyes de Dios para los asuntos bancarios y de inversión, revolucionará el razonamiento financiero de cualquier persona. Una vez que usted entiende que Dios ha establecido un conjunto de leyes financieras que trascienden la esfera terrenal, usted será motivado a pasar horas estudiando y meditando en esas leyes para poder aprender todo lo que pueda acerca de cómo funcionan.

¡Piense como podríamos transformar el mundo si por aprender y aplicar las leyes de Dios para la prosperidad, millones de cristianos dieran cientos de billones de dólares para la obra de Dios! En lugar de gastarse en manera temporal, para placeres terrenales, este dinero sería utilizado para propósitos espirituales y eternos. Como ya hemos visto, las leyes de Dios son completamente opuestas a nuestra forma carnal y mundana de pensar.

Dios dice: "Lo único con lo cual te quedas por la eternidad son las cosas que te deshaces", (2 Corintios 9:6-8)

Cuando damos el dinero que Dios nos dirige a dar, todo lo que damos es depositado en nuestras cuentas en el Banco del Cielo. La Palabra de Dios dice que El quiere utilizar nuestro dinero para ayudar a otros. Cuando el joven rico le preguntó que tenía que hacer para entrar al Reino de los Cielos, Jesús le dijo:

...Si quieres ser perfecto, anda, vende lo que tienes, y dalo a los pobres, y tendrás tesoro en el cielo; y ven y sígueme.
Mateo 19:21

(Instrucciones a los ricos) Que hagan bien, que sean ricos en buenas obras, dadivosos, generosos; atesorando para sí buen fundamento para lo por venir, que echen mano de la vida eterna.
1 Timoteo 6:18-19

Instintivamente todos queremos "acumular" tesoros, y está bien con Dios que lo hagamos siempre que lo atesoremos en el lugar correcto. En lugar de aferrarnos a "nuestro" dinero aquí en la tierra, nuestro Padre quiere que demos de el libremente y con alegría. Haciendo esto, estaremos "acumulando tesoros en el cielo" en la misma proporción de liberalidad con que damos a otros de nosotros mismos, y de "nuestro" dinero aquí en la tierra.

Guarde Su Dinero en el Banco de Dios

Jesús nos advirtió enfáticamente de los peligros de

155

acumular dinero en la tierra:

No os hagáis tesoros en la tierra, donde la polilla y el orín corrompen, y donde ladrones minan y hurtan; sino haceos tesoros en el cielo, donde ni la polilla ni el orín corrompen, y donde ladrones no minan ni hurtan. Porque donde esté vuestro tesoro, allí estará también vuestro corazón.

Mateo 6:19-21

Yo creo que la "polilla" y el "orín" y la *"corrosión"* que Jesús está hablando aquí, se refiere a la inflación, las altas tasas de interés, y las tendencias centradas en la política del sistema económico mundial. Estas influencias negativas y crueles están destruyendo los ahorros de aquellos que dependen toda su vida en ellos.

¿Quiénes son los "ladrones", que Jesús dijo que entrarían a hurtar el dinero que acumulamos en la tierra?

La respuesta es obvia, la Palabra de Dios nos dice que estos ladrones son Satanás y sus espíritus malignos: **El ladrón no viene sino para hurtar y matar y destruir.** (S Juan 10:10)

Satanás es un ladrón, y tratará de robarnos en todas las formas que pueda mientras estemos en la tierra. Sus dos maquinaciones predilectas son tratar de influenciarnos para que gastemos "nuestro" dinero en deseos egoístas, o que lo atesoremos para proveernos la seguridad mundanal.

Satanás no puede robar lo que hemos depositado en el Banco del Cielo porque no puede llegar a el. La inflación, las altas tasas de interés, y las otras incertidumbres económicas que amenazan las cuentas de ahorro aquí en la tierra, no tienen ningún efecto en el Banco del Cielo. En 1 Timoteo 6:7, se nos advierte de confiar en las *riquezas inciertas;* las riquezas de este mundo que están sujetas a la inflación desatinada, la recesión y el desempleo.

En cambio, Dios quiere que confiemos en nuestras "riquezas verdaderas", las riquezas que tenemos depositadas con El. ¿Ha dado usted con liberalidad para Dios por muchos años? Si lo ha hecho, entonces su cuenta en el Banco del Cielo es considerable. Si no lo ha hecho, aún está a tiempo. Este es el tiempo para que comience a seguir las leyes de Dios para la prosperidad con una determinación definitiva para diezmar y ofrendar.

A medida que la economía mundial se ponga peor, esto será más importante, porque las leyes de Dios nos proveerán para el resto de nuestra vida sobre la tierra, y por toda la eternidad en el Cielo. Entiéndame bien, no hay nada de malo con guardar dinero "para el día difícil", ¡si luego volvemos a ponerlo en el Banco!

Si el mercado de acciones cayere, o la inflación fuese desmedida, o si cualquier cosa ocurriere que desmoronara nuestro sistema económico hecho por el hombre, nuestro dinero permanecerá en el Banco del Cielo, libre de todas las calamidades del sistema económico mundial.

Si aquí, en la tierra, hemos dado con liberalidad de nuestro dinero, cuando necesitemos hacer una extracción podemos ir al Banco del Cielo. Ninguno titubearía de ir a su banco terrenal para extraer su dinero depositado, iríamos al banco en confianza total. Cuando tratamos con el Banco del Cielo no hay diferencia; siempre que hayamos depositado a través de los diezmos y las ofrendas, el dinero estará a nuestra disposición.

¿Cómo hacemos para extraer nuestro dinero de la cuenta que está en el Banco del Cielo?

Lo hacemos a través de liberar nuestra fe, presentando nuestro "cheque de fe" al Banco del Cielo. Lo hacemos yendo al banco *en el Nombre de Jesús*, ésta es la "llave" que abre la puerta a nuestra cuenta celestial; y luego le decimos a nuestro Padre que necesitamos una cierta cantidad y lo pedimos con la misma fe y confianza como si fuésemos a retirar dinero a un banco de la tierra.

Nuestro pedido de extracción será aceptado al mismo nivel de nuestra fe. Muchas personas jamás hacen su pedido: **Pero no tenéis lo que deseáis, porque no pedís.** (Santiago 4:2)

Las leyes bancarias de Dios nos dicen que no podremos retirar dinero del Banco del Cielo para motivos egoístas: **Pedís, y no recibís, porque pedís mal, para gastar en vuestros deleites.** (Santiago 4:3) Si necesitamos hacer una extracción del banco Celestial, podemos; pero siempre que nuestra oración (nuestro pedido de extracción) esté en línea con la voluntad de Dios para nuestras vidas. Cuando pedimos de acuerdo a la voluntad de Dios (Sus Leyes), Él nos oirá y nos concederá nuestra petición.

Quizá usted esté pensando que su "cuenta corriente" del Cielo no genera intereses como la del banco terrenal. Sin embargo, esta es otra área donde el Banco de Dios es mucho mejor que cualquier banco del mundo. Su "cuenta" en el Cielo no sólo es una cuenta corriente para usar en la tierra, sino que también es una caja de ahorro (para la eternidad), y paga un interés muy alto.

> **Y esta es la confianza que tenemos en él; que si pedimos alguna cosa conforme a su voluntad, él nos oye. Y si sabemos que él nos oye en cualquiera cosa que pidamos, sabemos que tenemos las peticiones que le hayamos hecho.**
>
> **1 Juan 5:14-15**

19

Como Aplicar Las Leyes de Dios

A Jehová presta el que da al pobre, y el bien que ha hecho, se lo volverá a pagar.
Proverbios 19:17

Las leyes de Dios para la prosperidad son para que las usemos aquí en la tierra; no las necesitaremos en el cielo, porque todos serán prósperos en el cielo.

Porque este mandamiento que yo te ordeno hoy no es demasiado difícil para ti, ni está lejos. No está en el cielo, para que digas: ¿Quién subirá por nosotros al cielo, y nos lo traerá y nos lo hará oír para que lo cumplamos?
Deuteronomio 30:11-12

Estas leyes son bien claras. ¿Las estudiará para aplicarlas durante su tiempo de vida en la tierra? Muchas personas dirán que estas leyes no dan resultado. Es más, ¡algunos religiosos le dirán que estas leyes no funcionarán! No obstante, nuestro Padre Celestial ha dicho que estas leyes *funcionarán* y que **ninguna palabra de todas sus promesas que expresó...ha fallado.** (1 Reyes 8:56)

Todas las leyes de prosperidad en este libro están basadas en las instrucciones de la Palabra de Dios. No sea influenciado por gente que nunca ha estudiado ni meditado en este tema, ni por aquellos que han avanzado en fe como resultado de haber estudiado y meditado. ¡Compruébelo usted mismo!

Pague el precio de estudiar y meditar incesantemente, atrévase a creerle a Dios, y ponga a prueba las leyes de Dios para prosperar.

¡Hay sólo una cosa sobre la tierra que puede detener a los hijos de Dios para prosperar, nosotros mismos! Este libro contiene todo lo que vamos a necesitar para alcanzar el éxito financiero, sin importar el estado de la situación económica mundial. Además, contiene los principios que nos permitirán prosperar en todas las áreas de nuestra vida.

Sin embargo, ninguna de estas cosas tendrán un efecto duradero sobre su vida, a no ser que usted se determine a tomar los pasos que activarán estas leyes. Si no hace esto ahora, pronto se olvidará lo que leyó. Las estadísticas de estudio han comprobado que un mensaje que se oye o se lee por única vez, se olvida por completo dentro de los 30 días.

La única manera de retener estas leyes de prosperidad en su corazón, es estudiarlas y meditarlas constantemente y luego aplicarlas a su vida; no es fácil porque hay que esforzarse. Las leyes de Dios para la prosperidad no tendrán ningún efecto en usted, a menos que transfiera la información impresa de estas páginas a su mente, y de su mente a su corazón, y de su corazón las hable con su boca. Después de esto, usted tendrá que actuar en fe conforme a estas leyes.

Para activar estas leyes, se requiere estudiar y meditar con diligencia. En mi experiencia como maestro bíblico motivador y consejero cristiano, he aprendido que pocos creyentes están dispuestos a pagar el precio del constante estudio y meditación que Dios requiere en 2 Timoteo 2:15, Salmo 1:1-4, y Josué 1:8.

He puesto un fundamento para usted cavando muchos versículos bíblicos sobre las leyes de la prosperidad de Dios. Le aconsejo a que vuelva al comienzo de este libro y lo vuelva a leer con un lápiz en la mano para subrayar aquellas cosas que usted desea retener. Escriba notas en el margen y ponga asteriscos (*) al lado de aquellas cosas que sean especiales, y dibuje cuadros y líneas alrededor de versículos y demás escrituras que usted desee meditar.

Estudiar Es Más Que Tan Sólo Leer

Una de las grandes diferencias entre estudiar y leer es que estudiar requiere que "marquemos" con un lápiz o bolígrafo los materiales que estudiamos. Siga esta referencia de ayuda:

• Busque todos los versículos en su propia Biblia y lea la Palabra de Dios con sus propios ojos.

• Márquelos en su Biblia dibujando un rectángulo, subrayándolos y marcándolos con un resaltados para Biblia.

• Luego, haga un sumario de todos los punto principales en tarjetas 3" x 5". Cada versículo debería estar en mayúsculas o subrayado para que sobresalga.

• Ahora estará listo para comenzar a meditar en las leyes de Dios para la prosperidad. Siga las instrucciones que expliqué anteriormente: lleve consigo durante todo el día una tarjeta, pase meditando en lo que escribió algunos minutos por la mañana; y luego piense como las leyes bíblicas que anotó se aplican a su vida, y luego continúe meditando en eso durante el día.

Medite en estas leyes mientras se viste, se lava la cara y se cepilla los dientes; quizá pueda colocar la tarjeta sobre el tablero de su vehículo mientras se dirige a su trabajo. Piense de continuo en lo que escribió durante el día, a la hora del descanso o la comida y cuando regresa a su casa.

Continúe por la noche, y mientras medita en estas

cosas durante el día, abra su boca y hable la Palabra de Dios con sus labios, repítala de continuo. He visto pocos cristianos que en verdad abren su boca para declarar de continuo la Palabra de Dios. La meditación debe incluir la constante repetición de la Palabra de Dios como parte integral de las leyes de Dios para la prosperidad.

Mientras pasa por el proceso de meditar y confesar estos versículos con su boca, hágalo lentamente, no se apure. Espere en el Señor. Reflexione en estas grandes leyes repetidamente. Hágalo lentamente y reflexione profundamente. Al realizar este proceso día tras día, semana tras semana, y mes tras mes, su mente se renovará más y más a las leyes de la prosperidad de Dios.

Meditando una ley a la vez, estas grandes leyes se transferirán de su mente a su corazón, y pronto su corazón estará rebalsando con las grandes verdades de nuestro Padre. Estas "irrumpirán" en lo profundo de su ser y usted comenzará a ver nuevos sentidos en la Escritura que pensaba que entendía completamente. Usted avanzará a nuevos niveles de entendimiento de cómo nuestro Padre quiere que vivamos nuestra vida. Jamás detenga este proceso de meditación diaria.

Cuanto más aprendemos, más entenderemos de cuánto aún tenemos que aprender. Las leyes de Dios son infinitas, y jamás llegaremos cerca de saberlo todo. Basta lo impresionante de tan solo contemplar la suma total de lo que contiene la Biblia. Mientras el proceso de estudio y meditación va en marcha, usted debe poner por obra estas leyes por medio de dar con alegría y generosamente de lo suyo y de "su" dinero.

La felicidad proviene de hacer lo que sabemos que Dios quiere que hagamos: **Si sabéis estas cosas, bienaventurados seréis si los hiciereis.** (Juan 13:17)

Nuevamente en Josué 1:8 (la única Escritura que nos dice que hacer para alcanzar el éxito y la prosperidad), vemos la lista de los tres pasos que debemos hacer: 1) meditar de día y de noche en la Palabra de Dios, 2) declarar la Palabra de Dios continuamente con nuestra boca, y 3) hacer todo lo que la Palabra de Dios nos dice que hagamos.

Después haber estudiado y meditado, y confesado de continuo la Palabra de Dios con nuestra boca, entonces debemos hacer lo que el Padre nos dice.

En este libro, he tratado de incluir todo lo que usted necesita saber acerca de las leyes de la prosperidad de Dios, y he orado fervientemente para que usted esté dispuesto a pagar el precio de aprender estas leyes y aplicarlas en su vida. Dios le bendecirá abundantemente si lo hace.

Apéndice A:
Promesas Bíblicas de Éxito y Prosperidad

Amado, yo deseo que tú seas prosperado en todas las cosas, y que tengas salud, así como prospera tu alma. (3 Juan 2)

…Sea exaltado Jehová, que ama la paz (prosperidad) de su siervo. (Salmo 35:27)

…Lo que es imposible para los hombres, es posible para Dios. (Lucas 18:27)

Esfuérzate…guarda los preceptos de Jehová tu Dios, andando en sus caminos, y observando sus estatutos y mandamientos, sus decretos y sus testimonios… para que prosperes en todo lo que hagas y en todo aquello que emprendas. (1 Reyes 2:2,3)

Si oyeren, y le sirvieren, acabarán sus días en bienestar, y sus años en dicha. (Job 36:11)

…Los que buscan a Jehová no tendrán falta de ningún bien. (Salmo 34:10)

El alma generosa será prosperada; y el que saciare, él también será saciado. (Proverbios 11:25)

Así que ya no eres esclavo, sino hijo; y si hijo, también heredero de Dios por medio de Cristo. (Gálatas 4:7)

A Jehová presta el que da al pobre, y el bien que ha hecho, se lo volverá a pagar. (Proverbios 19:17)

El Espíritu mismo da testimonio a nuestro espíritu de que somos hijos de Dios. Y si hijos, también herederos; herederos de Dios y coherederos con Cristo… (Romanos 8:16,17)

Jesús le dijo: Si puedes creer, al que cree todo le es posible. (Marcos 9:23)

Todo lo puedo en Cristo que me fortalece. (Filipenses 4:13)

Hombre necesitado será el que ama el deleite, y el que ama el vino y los ungüentos no se enriquecerá. (Proverbios 21:17)

...De día y de noche meditarás en el, para que guardes y hagas conforme a todo lo que en él está escrito; porque entonces harás prosperar tu camino, y todo te saldrá bien. (Josué 1:8)

...Pero a los justos le será dado lo que desean. (Proverbios 10:24)

...Todo lo que pidiereis orando, creed que lo recibiréis, y os vendrá. (Marcos 11:24)

Y todo lo que pidiereis en oración, creyendo, lo recibiréis. (Mateo 21:22)

Si algo pidiereis en mi nombre, yo lo haré. (Juan 14:14)

Jehová es mi pastor; nada me faltará. (Salmo 23:1)

Antes, en todas estas cosas somos más que vencedores por medio de aquel que nos amó. (Romanos 8:37)

...Los que buscan a Jehová, no tendrán falta de ningún bien. (Salmo 34:10)

Dios no es hombre, para que mienta, ni hijo de hombre para que se arrepienta. El dijo, ¿y no hará? Habló, ¿y no lo ejecutará? (Números 23:19)

Para siempre, oh Jehová,Permanece tu palabra en los cielos. De generación en generación es tu fidelidad. (Salmo 119:89,90)

Ninguna palabra de todas sus promesas que expresó por Moisés su siervo, ha faltado (1 Reyes 8:56)

Mas la palabra del Señor permanece para siempre (1 Pedro 1:25)

Porque todas las cosas son posibles para Dios.
(Marcos 10:27)

Porque ya conocéis la gracia de nuestro Señor Jesucristo, que por amor a vosotros se hizo pobre, siendo rico, para que vosotros con su pobreza fueseis enriquecidos.
(2 Corintios 8:9)

A los ricos de este siglo manda que no sean altivos, ni pongan la esperanza en las riquezas, las cuales son inciertas, sino en el Dios vivo, que nos da todas las cosas en abundancia para que las disfrutemos. (1 Timoteo 6:17)

Mi Dios, pues, suplirá todo lo que os falta conforme a sus riquezas en gloria en Cristo Jesús. (Filipenses 4:19)

Sabiduría y ciencia te son dadas; y también te daré riquezas, bienes y gloria...(2 Cronicas 1:12)

Para que estéis enriquecidos en todo para toda liberalidad.
(2 Corintios 9:11)

La bendición de Jehová es la que enriquece, Y no añade tri teza con ella. (Proverbios 10:22)

El que no escatimó ni a su propio Hijo, sino que lo entregó por todos nosotros, ¿cómo no nos dará también con él todas las cosas? (Romanos 8:32)

Sécase la hierba, marchítase la flor; mas la palabra del Dios nuestro permanece para siempre. (Isaias 40:8)

Las riquezas y la gloria proceden de ti, y tú dominas sobre todo; en tu mano está la fuerza y el poder, y en tu mano el hacer grande y el dar poder a todos. (1 Cronicas 29:12)

Sino acuérdate de Jehová tu Dios, porque él te da el poder para hacer las riquezas, a fin de confirmar su pacto.
(Deuteronomio 8:18)

Yo soy Jehová Dios tuyo, que te enseña provechosamente, que te encamina por el camino que debes seguir.
(Isaias 48:17)

...Bienaventurado el hombre que teme a Jehová, Y en sus mandamientos se deleita en gran manera... Bienes y riquezas hay en su casa, Y su justicia permanece para siempre. (Salmo 112:3)

Asimismo, a todo hombre a quien Dios da riquezas y bienes, y le da también facultad para que coma de ellas, y tome su parte, y goce de su trabajo, esto es don de Dios. (Eclesiastes 5:19)

Guardaréis, pues, las palabras de este pacto, y las pondréis por obra, para que prosperéis en todo lo que hiciereis. (Deuteronomio 29:9)

El altivo de ánimo suscita contiendas; Mas el que confía en Jehová prosperará. (Proverbios 28:25)

El que no escatimó ni a su propio Hijo, sino que lo entregó por todos nosotros, ¿cómo no nos dará también con él todas las cosas? (Romanos 8:32)

Entonces serás prosperado, si cuidares de poner por obra los estatutos y decretos que Jehová mandó... (1 Cronicas 22:13)

Será como árbol plantado junto a corrientes de aguas, Que da su fruto en su tiempo, Y su hoja no cae; Y todo lo que hace, prosperará. (Salmo 1:3)

Deléitate asimismo en Jehová, Y él te concederá las peticio nes de tu corazón. (Salmo 37:4)

Te abrirá Jehová su buen tesoro, el cielo, para enviar la lluvia a tu tierra en su tiempo, y para bendecir toda obra de tus manos. (Deuteronomio 28:12)

La mano negligente empobrece; Mas la mano de los diligen tes enriquece. (Proverbios 10:4)

Y poderoso es Dios para hacer que abunde en vosotros toda gracia, a fin de que, teniendo siempre en todas las cosas todo lo suficiente, abundéis para toda buena obra. (2 Corintios 9:8)

El que da al pobre no tendrá pobreza; Mas el que aparta sus ojos tendrá muchas maldiciones. (Proverbios 28:27)

Dad, y se os dará; medida buena, apretada, remecida y rebosando darán en vuestro regazo; porque con la misma medida con que medís, os volverán a medir. (Lucas 6:38)

El que cierra su oído al clamor del pobre, También él clama rá, y no será oído. (Proverbios 21:13)

Sirviendo de buena voluntad, como al Señor y no a los hombres, sabiendo que el bien que cada uno hiciere, ése recibirá del Señor, sea siervo o sea libre. (Efesios 6:7,8)

Cristo nos redimió de la maldición de la ley... para que en Cristo Jesús la bendición de Abraham alcanzase a los gentiles... y si vosotros sois de Cristo, ciertamente linaje de Abraham sois, y herederos según la promesa.
(Gálatas 3:13,14,29)

Pues todos sois hijos de Dios por la fe en Cristo Jesús.
(Gálatas 3:26)

Porque todas las promesas de Dios son en él Sí, y en él Amén, por medio de nosotros, para la gloria de Dios.
(2 Corintios 1:20)

A fin de que no os hagáis perezosos, sino imitadores de aquellos que por la fe y la paciencia heredan las promesas.
(Hebreos 6:12)

Respondió Jesús y dijo: De cierto os digo que no hay ninguno que haya dejado casa, o hermanos, o hermanas, o padre, o madre, o mujer, o hijos, o tierras, por causa de mí y del evangelio, que no reciba cien veces más ahora en este tiempo... (Marcos 10:29,30)

Fíate de Jehová de todo tu corazón, Y no te apoyes en tu propia prudencia. Reconócelo en todos tus caminos, Y él enderezará tus veredas. (Proverbios 3:5,6)

Encomienda a Jehová tu camino, Y confía en él; y él hará.
(Salmo 37:5)

El Todopoderoso será tu defensa, Y tendrás plata en abundancia. (Job 22:25)

Porque hay un solo Dios, y un solo mediador entre Dios y los hombres, Jesucristo hombre. (1 Timoteo 2:5)

Mas gracias sean dadas a Dios, que nos da la victoria por medio de nuestro Señor Jesucristo. (1 Corintios 15:57)

Bendito el Señor; cada día nos colma de beneficios...
(Salmo 68:19)

Si quisiereis y oyereis, comeréis el bien de la tierra...
(Isaias 1:19)

Te daré los tesoros escondidos, y los secretos muy guardados, para que sepas que yo soy Jehová.. (Isaias 45:3)

Mas buscad primeramente el reino de Dios y su justicia, y todas estas cosas os serán añadidas. Así que, no os afanéis por el día de mañana, porque el día de mañana traerá su afán. Basta a cada día su propio mal. (Mateo 6:36)

Honra a Jehová con tus bienes, Y con las primicias de todos tus frutos; Y serán llenos tus graneros con abundancia, Y tus lagares rebosarán de mosto. (Proverbios 3:9,10)

Hijitos, vosotros sois de Dios, y los habéis vencido; porque mayor es el que está en vosotros, que el que está en el mundo. (1 Juan 4:4)

Traed todos los diezmos al alfolí y haya alimento en mi casa; y probadme ahora en esto, dice Jehová de los ejércitos, si no os abriré las ventanas de los cielos, y derramaré sobre vosotros bendición hasta que sobreabunde. (Malaquias 3:10)

Pues si vosotros, siendo malos, sabéis dar buenas dádivas a vuestros hijos, ¿cuánto más vuestro Padre que está en los cielos dará buenas cosas a los que le pidan? (Mateo 7:11)

El ladrón no viene sino para hurtar y matar y destruir; yo he venido para que tengan vida, y para que la tengan en abundancia. (Juan 10:10)

De cierto os digo que todo lo que atéis en la tierra, será atado en el cielo; y todo lo que desatéis en la tierra, será desatado en el cielo. (Mateo 18:18)

¿Qué, pues, diremos a esto? Si Dios es por nosotros, ¿quién contra nosotros? (Romanos 8:31)

Como está escrito: Mas el justo por la fe vivirá. (Romanos 1:17)

Porque por fe andamos, no por vista... (2 Corintios 5:7)

Pero sin fe es imposible agradar a Dios; porque es necesario que el que se acerca a Dios crea que le hay, y que es galardonador de los que le buscan. (Hebreos 11:6)

Pero pida con fe, no dudando nada; porque el que duda es semejante a la onda del mar, que es arrastrada por el viento y echada de una parte a otra. No piense, pues, quien tal haga, que recibirá cosa alguna del Señor. (Santiago 1:6,7)

Porque de cierto os digo que cualquiera que dijere a este monte: Quítate y échate en el mar, y no dudare en su corazón, sino creyere que será hecho lo que dice, lo que diga le será hecho. (Marcos 11:23)

En aquel día no me preguntaréis nada. De cierto, de cierto os digo, que todo cuanto pidiereis al Padre en mi nombre, os lo dará. (Juan 16:23)

Si permanecéis en mí, y mis palabras permanecen en vosotros, pedid todo lo que queréis, y os será hecho. (Juan 15:7)

Pedid, y se os dará; buscad, y hallaréis; llamad, y se os abrirá. Porque todo aquel que pide, recibe; y el que busca, halla; y al que llama, se le abrirá. (Mateo 7:7,8)

Hasta ahora nada habéis pedido en mi nombre; pedid, y recibiréis, para que vuestro gozo sea cumplido. (Juan 16:24)

Y todo lo que pidiereis al Padre en mi nombre, lo haré, para que el Padre sea glorificado en el Hijo. (Juan 14:13)

Y esta es la confianza que tenemos en él, que si pedimos alguna cosa conforme a su voluntad, él nos oye. Y si sabemos que él nos oye en cualquiera cosa que pidamos, sabemos que tenemos las peticiones que le hayamos hecho. (1 Juan 5:14,15)

Mas también sé ahora que todo lo que pidas a Dios, Dios te lo dará. (Juan 11:22)

Y cualquiera cosa que pidiéremos la recibiremos de él, porque guardamos sus mandamientos, y hacemos las cosas que son agradables delante de él. (1 Juan 3:22)

Y a Aquel que es poderoso para hacer todas las cosas mucho más abundantemente de lo que pedimos o entendemos, según el poder que actúa en nosotros. A él sea gloria... (Efesios 3:20,21)

No temas, porque yo estoy contigo; no desmayes, porque yo soy tu Dios que te esfuerzo; siempre te ayudaré, siempre te sustentaré con la diestra de mi justicia. (Isaias 41:10)

No olvidaré mi pacto, Ni mudaré lo que ha salido de mis labios.Una vez he jurado por mi santidad, Y no mentiré... (Salmo 89:34,35)

...Cielo y la tierra pasarán, pero mis palabras no pasarán. (Marcos 13:31)

Jesucristo es el mismo ayer, y hoy, y por los siglos. (Hebreos 13:8)

Apéndice B:
¿Ha Entrado Usted al Reino de Dios?

Usted acaba de leer un sumario completo de las de leyes de Dios para la prosperidad. Estas leyes, son las que el Padre Celestial escribió para Sus hijos: aquellos hombres y mujeres que han entrado a Su Reino. Como mencioné anteriormente, estas leyes y estas promesas valen sólo para aquellos que aceptaron a Jesucristo y que han renacido por el Espíritu de Dios.

¿Cree usted haber entrado al Reino de Dios? Jesús dijo:

De cierto, de cierto te digo, que el que no naciere de nuevo, no puede ver el reino de Dios... Os es necesario nacer de nuevo.

Juan 3:3,7

Claro está que hay una sola forma para entrar al Reino de Dios, y es a través del "nuevo nacimiento". No podemos entrar al Reino de Dios por asistir a una congregación religiosa, por ir a una escuela bíblica, por bautismo, confirmación o por vivir una vida de buena moral. Jesús pagó el precio para que cada uno de nosotros entre al Reino de Dios, pero no de forma automática.

Para poder nacer de nuevo, primeramente, debemos admitir que somos pecadores (Romanos 3:23, Santiago 2:10). Tenemos que admitir sin reservas que no hay forma que podamos entrar al Reino de Dios basados en nuestros propios méritos. Luego, tenemos que verdaderamente arrepentirnos de nuestros pecados (Lucas 13:3, Hechos 3:19), y después de reconocer nuestro pecado y arrepentirnos, hay un paso adicional que debemos tomar para convertirnos en cristianos renacidos.

Si confesares con tu boca que Jesús es el Señor, y creyeres en tu corazón que Dios le levantó de los muer-

tos, serás salvo. Porque con el corazón se cree para justicia, pero con la boca se confiesa para salvación.
Romanos 10:9,10

Muchas son las personas que saben que Jesús murió por nuestros pecados. No obstante, este conocimiento no es suficiente, una afirmación intelectual no es suficiente. Para nacer de nuevo, necesitamos aceptar a Jesucristo como Señor de nuestros corazones, y no sólo en nuestras cabezas; porque Dios sabe exactamente lo que creemos. (1 Samuel 16:7, 1 Crónicas 28:9, Hebreos 4:13)

Debemos creer en nuestros corazones que Jesucristo es el Hijo de Dios, nacido de una virgen, que murió sobre la cruz para pagar por nuestros pecados, que resucitó de los muertos, y que vive hoy. Para poder convertirnos en cristianos renacidos, Romanos 10:9,10 dice que debemos creer esto en nuestros corazones, pero también debemos abrir nuestra boca y confesar a los demás lo que creemos. Esto es lo que confirma nuestra salvación.

El día que nuestras madres nos dieron a luz, nacimos al mundo natural. No obstante, debemos nacer una segunda vez, un nacimiento espiritual, para entrar al Reino de Dios.

Siendo renacidos, no de simiente corruptible, sino de incorruptible, por la palabra de Dios que vive y permanece para siempre.
1 Pedro 1:23

La siguiente oración le llevará a nacer de nuevo si usted cree esto con todo su corazón y luego comparte esta verdad con los demás:

Querido Padre, vengo a ti en el Nombre de Jesús, me arrepiento de mis pecados con todo mi corazón, y te pido que tengas misericordia de mi. Creo en mi corazón que Jesucristo, Tu Hijo, nació de una virgen, y que murió sobre la cruz para pagar por mis pecados, y que lo resucitaste de los muertos, y que hoy está vivo sentado a Tu diestra. Confío en El como mi único camino para entrar a Tu Reino; y ahora Padre confieso que Jesucristo es mi Salvador y mi Señor, y también hablaré con otros de ésta decisión ahora, y en el futuro. Gracias, Padre, en el Nombre de Jesús, Amén.

¡Usted ha renacido espiritualmente! Y es nuevo al mundo espiritual: **De modo que si alguno está en Cristo, nueva criatura es; las cosas viejas pasaron; he aquí todas son hechas nuevas.** (2 Corintios 5:17) Ahora que ha recibido, un espíritu recreado, está listo para estudiar, entender y obedecer las leyes de Dios para la prosperidad como tambíen las demás. Estas transformarán su vida en la tierra, y también vivirá en el cielo por toda la eternidad.

Carta Abierta de Tom Leding

Estimado amigo:

Su correspondencia es muy importante porque usted es una persona especial para Dios y también para mi. Quisiera poder ayudarle en todas las formas que pueda. Si usted está enfrentando necesidades espirituales o si experimenta conflictos en su vida, o si tan sólo quiere saber si alguien se interesa en su situación, escríbame. Oraré a Dios por sus necesidades y reponderé su carta con palabras de ánimo y Escrituras que le ayudarán a recibir el milagro que necesita.

Sé que Dios nos ha unido en el propósito de enseñar Su Palabra alrededor del mundo. ¿Quisiera usted ser uno de mis compañeros de oración? A medida que sembramos, los principíos de Dios para el éxito y la prosperidad el Señor nos garantiza los siguientes beneficios:

1. Protección (Malaquías 3:10-11)
2. Favor (Lucas 6:38)
3. Prosperidad Financiera (Deuteronomio 8:18)

En todo lo que sembremos debemos esperar recibir una cosecha abundante. Dios siempre cumple Su Palabra.

Su compañero de oración,

Tom Leding

Si desea contactarnos escriba a:

Tom Leding Ministries
4412 S. Harvard, Tulsa, OK. 74135
Estados Unidos de América

1-800-880-8220

www.tomleding.com